U0223619

国家出版基金资助项目

"十二五"国家重点图书

材料研究与应用著作

铜基复合材料及其制备技术

COPPER MATRIX COMPOSITES AND ITS PREPARATION TECHNOLOGY

湛永钟　著

哈尔滨工业大学出版社

HARBIN INSTITUTE OF TECHNOLOGY PRESS

内 容 提 要

本书是作者从事铜基复合材料科研与教学工作的总结,全书系统地反映了新型铜基复合材料的设计原理、制备技术、发展和应用情况,涵盖了非连续增强铜基复合材料、连续增强铜基复合材料、原位反应合成铜基复合材料、原位形变铜基复合材料等几大类材料的结构、性能与合成方法,并对铜基复合材料的界面及特征进行了介绍。

本书可供从事新型铜基复合材料研究和生产的科技人员参考,也可作为材料类专业学生的教学参考书。

图书在版编目(CIP)数据

铜基复合材料及其制备技术/湛永钟著. —哈尔滨:哈尔滨工业大学出版社,2015.8
ISBN 978-7-5603-4289-4

Ⅰ.①铜…　Ⅱ.①湛…　Ⅲ.①铜基复合材料-研究
Ⅳ.①TB331

中国版本图书馆 CIP 数据核字(2015)第 158591 号

材料科学与工程
图书工作室

责任编辑　许雅莹　张秀华
封面设计　卞秉利
出版发行　哈尔滨工业大学出版社
社　　址　哈尔滨市南岗区复华四道街 10 号　邮编 150006
传　　真　0451-86414749
网　　址　http://hitpress.hit.edu.cn
印　　刷　哈尔滨市石桥印务有限公司
开　　本　660mm×980mm　1/16　印张 14.5　字数 210 千字
版　　次　2015 年 8 月第 1 版　2015 年 8 月第 1 次印刷
书　　号　ISBN 978-7-5603-4289-4
定　　价　78.00 元

前　言

　　铜基复合材料是金属基复合材料中既年轻又很重要的一个门类,近 10 年来取得了快速发展。该类材料以颗粒、晶须、纤维等为增强体,既能保持铜合金良好的传导和抗强磁场性能,又具有耐磨、减摩、低膨胀等新的功能特性,其室温和高温力学性能优异,因此成为发展新型高导电、高强度功能材料的重要方向之一。目前正朝着多组元混杂增强、原位自生、增强体纳米化等方向发展,新材料体系和合成工艺不断涌现。

　　作者自 2000 年起开始接触并从事铜基复合材料的科研与教学工作,一直密切关注国内外该领域的科研进展,在自身工作的基础上吸收消化国内外同行的研究成果,撰写了本书,目的是反映新型铜基功能复合材料的原理、技术和应用情况。本书可供从事新型铜基复合材料研究和生产的科技人员参考,也可作为材料类专业学生的教学参考书。

　　在本书撰写过程中得到上海交通大学张国定教授的悉心指导;广西大学杨文超和黄金芳女士参与了部分内容的整理和图表修改,谨此致谢。

　　热忱期待读者对本书的评教与指正。

湛永钟

2015 年 3 月于南宁

目　　录

第1章 绪 论

1.1 金属基复合材料简述

1.1.1 复合材料概述

复合材料是以一种材料为基体,另一种或多种材料为增强体组合而成的材料。由于各种组成材料在性能上互相取长补短,产生协同效应,从而使复合材料的综合性能或某些方面的特性优于原来的组成材料,因此可以满足各种不同的要求[1]。

实际上人类使用复合材料已经有很长的历史,按照发展阶段的不同可分为古代复合材料和现代复合材料两个阶段。不论是国内还是国外,"复合"的思想很早就被人们用来指导各类材料的开发与改进,因此古代复合材料早已渗透在生活和生产的许多领域之中。在国内,发现最早的复合材料的例子是,古代人使用草茎增强土坯来制作住房墙体材料。此外从古至今的漆器,使用的是以漆为基体、麻绒或丝绢织物作增强体的复合材料;并且韧性和耐蚀性优异的金属包层复合材料制品(例如越王剑),也是复合材料的一大应用。国外使用复合材料的例子也比比皆是,比如5000年前中东地区的人们就已用芦苇增强沥青复合材料来造船;古埃及人则使用石灰、火山灰等作黏合剂并混合砂石等形成颗粒增强复合材料,用来修建金字塔,等等,这些均是现代复合材料的雏形。

现代复合材料的发展始源于20世纪40年代,合成树脂和玻璃纤维被大量地商品化生产以后,纤维复合材料逐步发展成为具有重要工程意义的材料。采用铂坩埚生产连续玻璃纤维的技术促进了在世界范围内大规模生产纤维的活动,推动了纤维增强复合材料的发展,主要里程碑包括1964

年的碳纤维增强树脂基复合材料、1965 年的硼纤维增强树脂基复合材料、1969 年的碳/玻璃混杂纤维增强树脂基复合材料和 1970 年的碳/芳纶混杂纤维增强树脂基复合材料。由于现代复合材料技术不断发展成熟,在许多领域逐渐取代了金属材料,例如,在航空、航天领域,它可满足韧性、耐热、比强度、比模量、抗环境能力和加工性能等多方面的要求,因而获得了广泛应用。树脂基复合材料是最先被开发并获得产业化推广的一种复合材料,根据基体的受热行为可分为热塑性树脂基复合材料和热固性树脂基复合材料。目前热固性树脂基复合材料已在建筑、防腐、轻工、交通运输、航空、航天、造船等工业领域获得广泛应用[2]。

此后,其他结构用的先进复合材料逐渐受到重视,发达国家纷纷提出了各自的研制和开发目标,于是陆续出现了碳基、金属基和陶瓷基先进复合材料。尤其碳基复合材料自 20 世纪 60 年代发展以来,它以碳纤维或石墨纤维作为增强体,由可碳化或石墨化的树脂浸渍,或用化学气相沉积碳作为碳基体,通过特定的工艺制成碳/碳复合材料。该材料可在超过 2 700 ℃的高温环境下保持良好的强度、模量和耐烧蚀性,因此被用来制造导弹尖锥、发动机喷管、航天飞机机翼的前缘部件等关键结构。

金属基复合材料是 20 世纪 70 年代末期发展起来的,是以高强度、高模量的耐热纤维与金属(尤其是轻金属)复合而成的复合材料。该类材料不但具有金属基体良好的塑性、导电和导热性,而且纤维增强体的加入进一步提高了材料的强度和模量,同时降低了密度。此外,这种材料还具有高阻尼、耐磨损、耐疲劳、不吸潮、不放气和膨胀系数低等特点,克服了树脂基复合材料的许多不足。因此,金属基复合材料首先发展成为航天、航空、军工等尖端技术领域理想的结构材料。目前人们又研发了针对不同结构和功能应用的、由多种基体和增强体组成的金属基复合材料新体系,使其成为材料科学的重要分支之一。

陶瓷基复合材料的发展始于 20 世纪 80 年代,其思路是采用纤维补强陶瓷基体以提高材料的韧性,目前已在航空和军事领域取得一定的应用。例如,美国开发了三维编织增强陶瓷热结构件、陶瓷基复合材料燃气轮发动机转子、叶片和燃烧室涡形管等;法国则采用陶瓷基复合材料作为火箭试验发动机的结构材料,使其重量减轻了 50%。目前陶瓷基复合材料仍在发展之中,在未来航天、国防、能源、汽车、化工等领域的新材料竞争中将起关键的作用[3]。

1.1.2 金属基复合材料的发展

金属基复合材料是以金属或合金作为基体,并以纤维、晶须、颗粒等具有不同形态和性能的组元为增强体所制成的复合材料。由于这类材料最早是为满足航空、航天工业用结构材料所开发的,需要满足高强度和低密度的要求,因此以 Al,Mg 等轻金属为基体的复合材料最先被研究和应用。以碳纤维和硼纤维连续增强的金属基复合材料首先获得了快速发展,但是该类金属基复合材料的生产工艺复杂、成本较高,为其研究带来了一定障碍。随着涡轮发动机中高温部件对于耐高温材料的需求,近 30 年来的金属基特别是钛基复合材料的研究获得了复苏的机会。特别是 20 世纪 80 年代日本丰田公司将陶瓷纤维增强铝基复合材料用于柴油发动机活塞的制造上,推动了金属基复合材料的研制与开发。

与此同时,非连续增强金属基复合材料也得到迅速发展,研究的重点特别集中在碳化硅或氧化铝颗粒、短纤维增强铝基复合材料上。这类材料的基体和增强体的构成尺度、承载能力和变形能力等介于弥散强化和连续纤维强化两者之间,并兼具它们的性能优点,还具有优良的加工性能和可设计性。而且与传统的合金材料相比其性能优势比较显著,所以在许多应用领域里具有很大的吸引力,受到高度重视[4]。例如,原来的许多航空、航天材料的性能已经接近了极限,研制出工作温度更高,比刚度和比强度大幅度增加的金属基复合材料已经成为发展高性能材料的一个重要方向。目前,美国已在航天推进系统领域形成了一个增长率稳定的金属基复合材料市场。

民用方面,陶瓷颗粒和短纤维增强金属基复合材料在汽车、电子等领域的应用得到普遍关注。例如,顶部由氧化铝短纤维或氧化铝和二氧化硅短纤维混杂增强铝基复合材料所制成的局部增强内燃机活塞,与常规的 Al-Si 铸造合金相比,其使用性能和制造工艺方面均有明显的优势。

1.1.3 金属基复合材料的分类

金属基复合材料品种繁多,根据用途、基体种类、增强体形态及加入(形成)方式等的不同,又有多种分类方式。

1. 根据用途不同分类

根据用途不同,金属基复合材料可分为金属基结构复合材料和金属基功能复合材料。金属基结构复合材料具有高的比强度、比模量、尺寸稳定性和耐热性等特点,用于制造各种高性能结构件。金属基功能复合材料则是除机械性能外,还提供导电、超导、半导、磁性、压电、阻尼、吸波、透波、摩擦、屏蔽、阻燃、防热、吸声、隔热等某一种或多种功能。

2. 根据基体种类不同分类

根据基体种类的不同,金属基复合材料可分为铝基、镁基、锌基、铜基、钛基、铅基、镍基、耐热金属基、金属间化合物基等。

铝基复合材料具有良好的塑性、韧性、易加工性、工程可靠性等优点,且价格低廉,尤其是比强度和比刚度高,因而应用最为广泛,发展前景良好。

钛基复合材料是比强度最高的金属基复合材料,由于钛在中温使用时比铝合金能够保持更高的强度,因此是航空和航天领域结构材料的理想用材。

铜基复合材料可发挥铜基体优良的导电、导热性能,而增强体可赋予其耐磨、减摩、低热膨胀、耐热等功能特性,因此是新型的结构功能一体化复合材料。

镁基复合材料除了具有铝基复合材料的性能特征之外,还有更低的密度,近年来作为轻质结构材料备受重视,在航空、航天、汽车制造、电子信息等领域前景良好。

镍基复合材料主要用于制造高温下工作的零部件(如燃汽轮机叶片),可进一步提高机构的工作温度,目前着重改善其制造工艺及服役的可靠性。

3. 根据增强体形态不同分类

按增强体形态的不同,金属基复合材料可分为连续纤维增强金属基复合材料和非连续增强金属基复合材料。

连续纤维增强金属基复合材料是利用高模量、高强度、低密度的碳(石墨)纤维、硼纤维、碳化硅纤维、氧化铝纤维、金属(合金)丝等作为增强体,与金属基体复合而形成高性能的复合材料。同时为了获得所需要的各种优良性能可通过对基体、纤维类型和纤维排列方向、含量、方式等进行优化设计的方法实现。在纤维增强金属基复合材料中,纤维因具有很高的强度和模量而成为复合材料的主要承载体,而金属基体主要起固定纤维、传递载荷和部分承载的作用。这类复合材料中纤维的排列具有方向性,因此复合材料的性能有明显的各向异性——通常在沿纤维轴向上的强度和模量较高,而横向上的性能较差,因此需要通过调整不同方向上纤维的排布来控制复合材料构件的性能。由于这类复合材料纤维的排布、含量、均匀分布等对于材料设计和制备工艺的选择有较大的影响,因此其制备成本较高。

非连续增强金属基复合材料是由颗粒、短纤维、晶须等作为增强体与金属基体组成的复合材料。非连续增强体可降低材料的热膨胀系数,明显提高材料的耐热性、耐磨性、高温力学性能和弹性模量。由于增强体在基体中随机分布,因此复合材料的性能是各向同性的。该类材料可以用很多方法制造,比如可用常规的粉末冶金、液态金属搅拌、液态金属挤压铸造、真空压力浸渍等方法制造,同时还可以用铸造、挤压、锻造、轧制等传统的金属加工成型方法获得,这些制造方法均操作简便、成本低,适合大批量生产,目前已在许多领域获得很好的应用[5]。

近年来,为了改变单一增强金属基复合材料性能的不足,以及实现多种增强体之间优势互补的协同作用,人们根据不同领域对性能的需要发展了混杂增强金属基复合材料,其中增强体的混杂组合包括颗粒-颗粒、颗粒-短纤维(或晶须)、连续纤维-颗粒、连续纤维-连续纤维等形式。

4. 根据增强体加入(形成)方式不同分类

根据增强体的加入(形成)方式不同,可分为外加增强金属基复合材料和原位自生增强金属基复合材料两种。前者是在熔铸、粉末冶金、机械合金化等工艺过程中,往金属基体中添加预定成分和含量的晶须、纤维和颗粒等增强体,从而获得所需成分的复合材料。原位自生增强金属基复合材料则是在金属基体内通过反应或定向自生的途径生长出一种或几种颗粒、晶须、纤维状增强体原位增强金属基复合材料,它具有以下优点:

(1)因为增强体是从金属基体中原位形核、长大而成的热力学稳定相,因此其表面无污染,从而与基体相容性较好,同时复合材料的界面结合强度比较高;

(2)可通过合理选择反应元素或化合物的类型、成分及其反应性有效地控制原位自生增强体的种类、大小、分布和数量等,从而获得材料所需的使用性能,材料的设计性良好;

(3)由于增强体的合成、处理和加入等工序与复合材料的制备是同步进行的,省去了增强体合成的阶段,因此该复合材料的制备工艺相对简单,成本较低;

(4)在液态金属基体中原位形成增强体工艺的复合材料体系,形状复杂、尺寸较大的近净形构件可以通过铸造的方法来制备,进一步简化了材料的加工技术。

1.1.4 金属基复合材料的性能

金属基复合材料的性能由金属或合金基体和增强物的特性、含量、分布等共同决定。可通过对组元的优化组合保持基体的金属特性,同时获得高比强度、比模量、耐热、耐磨等综合性能[6,7]。金属基复合材料主要具有以下性能特点:

1. 高比强度、比模量

制备金属基复合材料所用的纤维、晶须、颗粒等增强体通常具有高强度、高模量和低密度,因此可明显提高复合材料的比强度和比模量。例如,高性能的连续硼纤维、碳(石墨)纤维、碳化硅纤维等,其纵向具有很高的强度和模量。碳纤维的密度为 $1.85~g/cm^3$,而其最高强度可达到 $7~000~MPa$,超过铝合金强度的 10 倍以上。碳化硅纤维和硼纤维的密度为 $2.5 \sim$

3.4 g/cm³,其强度却达到 3 000 ~ 4 500 MPa,模量达到 350 ~ 450 GPa。采用高比强度、比模量复合材料制成的构件质量小、刚性好、强度高,该类复合材料是航天、航空技术领域中理想的结构材料[8]。

2. 导热、导电性能良好

金属基复合材料的组成以金属基体为主,其体积分数通常超过 60%。因此该类材料保持着金属特有的良好导电和导热性能。优良的导热性可减少构件受热后产生的温度梯度,这对于通信、电子和航空、航天等领域要求构件具有良好的尺寸稳定性尤为重要。例如,为了解决高集成度电子器件的散热问题,可采用具有高导热性的超高模量石墨纤维、金刚石纤维、金刚石颗粒等作为增强体制成铝基或铜基复合材料,其热导率甚至高于纯铝和普通铜合金,将其作为集成电路底板和电子封装部件不但能有效地散发热量,其低而稳定的热膨胀系数还能提高集成电路的可靠性。在航空、航天领域,金属基复合材料良好的导电性能可防止飞行过程中在构件上产生静电聚集,对于提高飞行安全系数有着十分重要的意义[9]。

3. 热膨胀系数小、尺寸稳定性好

金属基复合材料所用的增强体通常具有很小的热膨胀系数和很高的弹性模量。例如,高模、超高模量的石墨纤维具有负的热膨胀系数,它们不仅可以大幅度提高材料的强度和模量等力学性能,还能通过调整增强体的含量来降低复合材料的热膨胀系数。例如,纤维体积分数为 48% 的石墨纤维增强镁基复合材料可获得的热膨胀系数为零,因此已被用作人造卫星构件,以适应低地球轨道环境下的温度交替变化,保证卫星天线等构件不发生热变形,提高了工作的安全系数和精度。

4. 高温性能良好

与聚合物相比,金属本身的高温性能更好,而纤维、晶须、颗粒等增强体又能进一步提高材料的高温综合性能,因此金属基复合材料往往拥有良好的高温力学性能。连续纤维增强金属基复合材料中纤维是主要的承载体,它的强度在高温下基本不下降,因此复合材料的高温性能比金属基体提高许多,主要性能指标可保持到接近金属熔点附近。例如,铝基体在 300 ℃ 时强度已下降到不足 100 MPa,而石墨纤维增强铝基复合材料在

500 ℃下可保持高达 600 MPa 的强度。又如,钨丝增强耐热合金的 1 100 ℃、100 h 的高温持久强度为 207 MPa,远超过同种基体合金的高温持久强度值(48 MPa)。因此,金属基复合材料是航空发动机叶片、火箭发动机、汽车发动机、核反应堆、能源转换设备等高温零部件的优良结构材料,其可大幅度提高部件的工作性能和能源转换效率。

5.摩擦磨损性能良好

与普通的金属及合金相比,金属基复合材料的一个突出优势是耐磨性能好,尤其是采用硬度高且化学性质稳定的陶瓷颗粒增强的金属基复合材料,在耐磨减摩领域受到广泛重视和获得较好的应用。金属基复合材料在摩擦磨损领域的另外一个优势是,可以通过调整增强体的形态、尺寸、含量以及不同种类的配比获得所需的耐磨和减摩性质,从而灵活地适应实际工况条件的接触方式、载荷、滑动速度、润滑条件、温度、化学与导电等,以及配对滑动材料的要求。例如,碳化硅颗粒增强铝基复合材料(SiC_p/Al)的室温和高温耐磨性能优于相应的铝基体合金材料和传统的耐磨铸铁材料。因此,在汽车、机械工业中对耐磨性能有较高要求的重要零部件(例如发动机、刹车盘、活塞等)中获得应用,可明显地提高零件的性能和寿命。

6.良好的疲劳性能和断裂韧性

通过选择恰当的组元种类搭配、合理设计增强体在金属基体中的分布以及采用适当的制备和处理工艺,可使增强体与金属基体之间的界面具有良好的结合状态,这些均有助于传递载荷和阻止裂纹的扩展,使金属基复合材料具有良好的断裂韧性和高温疲劳性能。例如,碳纤维增强铝基复合材料的疲劳强度与拉伸强度比达到 0.7 左右,是理想的室温和高温结构材料。

7.耐候性好

金属材料组织致密、性质稳定,不存在聚合物材料的老化、分解和吸潮等问题。金属基复合材料一般不会发生性能的自然退化,比聚合物及其复合材料具有更加优越的耐候性能,特别是在航天领域的空间环境中使用时不会分解出低分子物质污染仪器和环境,因此可在更多领域和更严苛的工作环境下使用。

1.1.5　金属基复合材料的制备工艺

虽然金属基复合材料已在一些尖端技术领域和部分民用领域中获得应用,但其用量还很小,而制备成本是造成这一问题的最重要因素之一。由于需要加入不同形态和含量的增强体,金属基复合材料的成型工艺比传统金属材料更为复杂、技术难度较大,制备成本占其总成本的 60% ~ 70% ,降低生产制备成本是该类材料获得实用化最为关键的途径。

目前已开发出多种适用于不同金属基复合材料的复合制备技术。根据制备过程中基体的温度不同进行分类可分为三类:液相复合工艺、固相复合工艺和固液两相复合工艺。而近年来快速发展起来的表面复合工艺推动了各类表面复合材料的开发[10, 11]。

1. 液相复合工艺

(1)搅拌复合工艺

搅拌复合工艺也称为搅拌铸造法,是通过机械搅拌装置使颗粒增强体与液态金属基体进行混合,然后采用常压铸造、压力铸造或真空常压铸造等方法制成复合材料,同时直接成型为所需尺寸的零件。根据搅拌工艺的不同,又可分为漩涡法和 Duralcan 法两种。漩涡法是通过机械搅拌在熔体中产生涡流引入颗粒来与液态金属充分混合。Duralcan 法是加拿大 Duralcan公司开发的,在真空条件下的搅拌熔炼工艺,是搅拌复合工艺发展的新阶段,目前已获得大规模的应用。

搅拌复合工艺可采用常规的熔炼设备来实现,成本低廉,可制备精密复杂的零件。然而,由于该法需要在较高温度下使不同组元进行较长时间的复合,因此金属基体与颗粒之间容易发生界面反应,基体易产生气孔、夹杂物等铸造缺陷;当工艺控制不好时,可能会造成增强体分布不均匀。此外,如果增强体的体积分数过高,例如超过 25% ,金属熔体的黏度将增大而影响搅拌复合工艺的效果。上述问题是推动搅拌复合工艺制备金属基复合材料需要继续解决的问题。

(2)浸渗复合工艺

浸渗复合工艺是让液态金属在不同的压强环境(高压、气压和无压)

下渗入采用增强体预先制好的、有一定形状及强度的预制件中,凝固获得所需成分的复合材料的方法。该工艺对于制备大体积分数的金属基复合材料有很好的效果,但是可能会出现预制件变形、晶粒尺寸粗大、微观组织不均匀和发生界面反应等问题。

高压浸渗工艺即是通常的挤压铸造工艺,它是将液态金属浸渗到预制件中并保压凝固制成复合材料的工艺。该工艺具有效率高、成本低的优点,适于大批量生产。但零部件结构和尺寸往往受到设备条件的限制,需要通过控制充型速度、集渣和排气等避免出现疏松和气孔等铸造缺陷。气压浸渗工艺可减轻界面反应的程度,提高组元之间的浸润性,得到较好的复合材料界面结合,还能有效地防止金属和增强体的氧化,减少铸造缺陷。不足之处是该方法不能制造大尺寸的复合材料零部件、生产效率低、工艺步骤较多且周期长。无压浸渗工艺则是指在真空和没有外压力的条件下金属液体自发地渗入预制件的间隙之中,然后冷凝获得致密的复合材料的方法。该工艺对模具的耐高温性能要求较低,可制备形状较复杂的薄壁零件,实现复杂结构件的近无余量制备。

(3)喷射共沉积复合工艺

喷射共沉积复合工艺是一种新型的快速凝固技术,快速冷却过程可减轻粒子的偏析程度,而且由于处于半凝固状态的基体合金温度较低,可避免因过高的接触温度所引起的界面反应,提高了材料的界面性能。喷射共沉积的冲击破碎效应不但可细化晶粒组织,提高基体的固溶度,消除宏观偏析以及生成非平衡亚稳相,还能使射入的微米级粒子变成亚微米级的增强颗粒,这些均有助于进一步提高复合材料的综合性能。该复合工艺将材料的制备和成形过程结合在一起,简化了生产工序,降低了生产成本,还克服了其他复合制备工艺的不足,例如粉末冶金工艺引起的含氧量大、搅拌复合工艺引起的界面反应严重等。近年来,将喷射成形技术与反应法制备金属基复合材料技术结合起来,开发出反应喷射成形技术,在喷射金属熔体的过程中通过化学反应直接生成增强体粒子,因此具有良好的增强体-基体的界面结合,进一步细化了基体合金组织,从而改善复合材料的性能。喷射共沉积复合工艺的不足之处主要是,制备过程较难控制,设备比较复杂,而且通常只能制备小尺寸的颗粒状增强体,因为过大的颗粒、短纤维和晶须等形态的增强体容易堵塞喷口而阻碍复合制备过程的进行。

(4)熔体原位复合工艺

熔体原位复合工艺一般生成颗粒或晶须形态的陶瓷相或金属间化合物相增强体。根据原位复合的过程和机理不同,可分为放热弥散法、接触反应法、直接氧化法、氮化法、气-液反应法、反应喷射沉积法。该工艺制备金属基复合材料时增强体是在液态金属基体中原位形成的,因此组元之间的相容性好,同时增强体表面与基体间的界面洁净、没有杂质污染、结合良好,且易于实现增强体在基体中的均匀分布,获得细小的增强体的尺寸。将熔体原位复合工艺与复合材料的零部件成形技术相结合,可获得组织性能优良、制备成本低的综合效果。

2. 固相复合工艺

(1)粉末冶金法

粉末冶金法是采用热压或热静压等工艺将按预定比例混合好的粉末压制成型,并在高温下保压烧结使材料扩散复合而制成块体复合材料。该工艺可适应不同种类的增强体和基体合金,而且能较灵活地调节控制增强体的体积分数,因此比液态复合工艺的适应性更强。采用粉末冶金法制备的复合材料还能通过二次加工使增强体分布更加均匀,细化基体合金的晶粒。因而通过粉末冶金法制备的金属基复合材料具有较高的性能稳定性。

(2)扩散结合工艺

扩散结合工艺是指在比基体合金熔点低的温度条件下施加高压,使基体发生蠕变、塑性变形及扩散,从而使将按预定组成和排布叠放好的增强体、基体或它们的预制复合体压制结合,获得致密的金属基复合材料的方法。该方法优势很多,它能有效地抑制复合材料的界面反应,能解决增强体与基体之间的润湿性问题,是连续纤维增强金属基复合材料的主要制备方法。该工艺的不足是仅能生产平板状或低曲率板等形状简单的复合材料构件,且制备成本相对较高。

3. 固液两相复合工艺

（1）流变铸造工艺

流变铸造工艺是强烈搅拌处于固-液两相区的熔体而形成低黏度的半固态浆液，同时引入颗粒状增强体，利用半固态浆液的触变特性来阻止增强体下沉或漂浮，使其弥散分布于固-液两相混合金属熔体中，最后采用压铸工艺将半固态浆成形获得组织成分均匀的金属基复合材料。与搅拌复合工艺类似，该工艺也存在界面反应较严重、颗粒偏析等问题。该工艺仅适用于两相区间较宽的金属，在复合材料体系的适用性方面受到限制。

（2）固液两相区热压复合工艺

固液两相区热压复合工艺是利用半固态浆液具有的触变性，将流变铸锭重新加热到所需的固相组分的软化度，然后施加一定的外压对其进行压铸成形，也称为触变铸造工艺。压铸时浇口处的剪切作用可使复合材料浆料的流变性恢复从而充满铸型。与流变铸造法相似，在强烈搅拌的半固态合金中颗粒或短纤维增强材料受到球状碎晶粒子的分散和捕捉作用，避免增强体的上浮、下沉和凝聚等现象的出现，可促进增强体的均匀分散，以及改善它与基体金属的润湿性，促进界面结合。

4. 表面复合技术

（1）化学气相沉积技术

化学气相沉积在本质上是一种气态传质过程，气态反应物发生化学反应生成固态物质沉积在加热的固态基体表面上，从而制得固体材料的工艺技术。化学气相沉积技术可通过调整气相的组成和沉积工艺参数来控制涂层的化学成分、密度和纯度，从而获得复合镀层或梯度沉积物。目前，采用该项技术已开发出各类复合材料涂层体系，例如纤维增强金属间化合物复合材料、原位合成碳纳米管增强金属基复合材料等。

（2）物理气相沉积技术

物理气相沉积是利用物理过程来沉积薄膜复合材料的技术，适于制备几乎所有材料的薄膜，因此它比化学气相沉积技术具有更广阔的适用范围。目前主要的物理气相沉积法有热蒸发、溅射和脉冲激光沉积等。采用该项技术制备硬质或自润滑薄膜复合材料对金属进行表面改性已经取得很好的效果,需要重点解决的是薄膜厚度的均匀性问题。

(3)热喷涂技术

热喷涂是利用电弧、等离子喷涂、燃烧火焰等热源将粉末状、丝状的金属或非金属材料加热到熔融或半熔融状态,然后以一定速度喷射到预处理过的基体表面,沉积形成具有各种功能的表面涂层的一种表面强化技术。热喷涂法适于制备由各类增强体和基体所组成的复合材料,形成牢固的复合材料覆盖层,使工件表面获得不同的硬度、耐磨、耐腐、耐热、抗氧化、隔热、绝缘、导电、密封、防微波辐射等各种特殊物理化学性能,其应用潜力巨大。

(4)电镀、化学镀和复合镀技术

电镀是利用电解原理在金属表面镀上其他金属或合金成分的镀层的技术,常用于防腐、耐磨、导电、反光等镀层的制备。目前,已采用电镀工艺成功制备了金属包覆长纤维、短纤维和颗粒等复合材料。

化学镀是一种新型的金属表面处理技术,它不需要通电,依据氧化还原反应原理,利用强还原剂在含有金属离子的溶液中将金属离子还原成金属而沉积在各种材料表面,最终形成致密镀层的方法。化学镀具有工艺简便、节能、环保、使用范围广等优点。经常被用来制备颗粒、晶须、纤维等增强的铜、镍等金属基复合材料,可显著优化这些复合材料体系的界面结构和改善材料性能,也是当前金属基复合材料制备工艺的重要处理方法之一。

复合镀是通过金属电沉积或共沉积的方法,将一种或多种不溶性的固体颗粒、纤维均匀地分布到金属镀层中形成具有独特的物理、化学和机械性能的复合镀层。该法制备的表面复合材料已逐渐成为新型复合材料的重要门类,受到了广泛关注,例如近年发展起来的超硬材料微粒增强金属基复合镀层。

1.2　铜基复合材料的发展

铜基复合材料是金属基复合材料中既年轻又很重要的一个门类,近10年取得了快速发展。

铜及其合金材料具有高的导电性、导热性、耐蚀性,优良的工艺性能和适中的价格,铜及其合金材料又兼具良好导电、导热性能和一定的力学和耐高温、抗腐蚀等结构功能被广泛地应用于各工业部门。例如,作为电子材料、热阻材料、电刷材料以及喷嘴材料等。但铜及其合金的热膨胀系数高、耐磨性不足,在高温时微观组织不稳定、容易粗化,因此高温强度较低,这些因素又限制了该类材料的进一步应用。尤其是近年来计算机、电子信息、轨道交通、宇航技术等的迅猛发展,除了要保持材料优良的导热性、导电性、弹性极限和韧性之外,同时还应具有较好的耐磨性,较低的热膨胀系数,较高的抗剪切强度以及良好的加工性能、焊接性能等。铜基复合材料以颗粒、晶须、纤维等为增强体,既保持了铜合金良好的传导和抗强磁场性能,又有耐磨、减摩、低膨胀等新的功能特性,加入增强体使其室温和高温力学性能更好,因此成为发展新型高导电、高强度功能材料的重要方向之一。

20 世纪 60 年代人们就对铜基复合材料开始进行探索,最初是研究长纤维(高强高模、高强中模及超高模量碳纤维)增强铜基复合材料的设计、制备及性能优化。由于碳纤维具有很高的强度和模量,负的热膨胀系数以及耐磨、抗烧蚀等性能,与具有良好导热导电性的铜或铜合金组成复合材料可获得很高的导热导电性、比强度、比模量、耐磨性、耐烧蚀性,以及很低的热膨胀系数,因而是高性能的导热、导电功能材料。

此后,非连续增强铜基复合材料逐渐受到重视并获得开发,其中氧化铝颗粒弥散强化铜基复合材料的工作起步较早,研究得也比较系统,目前已获得较好的应用。美国 SCM 公司于 20 世纪 80 年代开发的材料性能指标已达到或超过了高性能铜合金,例如,Glidcop Al-10,Al-35 和 Al-60(Al_2O_3 质量分数分别为 0.2%,0.7%,1.2%)的电导率分别为 92% IACS(国际退火铜标准),85% IACS,80% IACS,强度分别为 500 MPa,600 MPa,620 MPa,抗高温软化温度则均在 870 ℃ 以上。目前,该系列复合材料已被用作结构功能部件广泛应用于集成电路的引线框架、各种点焊滚焊电极、触头材料、电动工具的换向器、高速电气化铁路架空线、大功率异步牵引电动机转子、高脉冲磁场导体材料、航空航天导体材料,等等。随着汽车车身焊装生产线向自动化方向发展,点焊电极已成为决定生产效率和质量的最关键因素,它的高温强度、导电、热导率及抗软化温度等均是重要的技术指标,影响着焊接质量和效率,而氧化铝弥散强化铜复合材料是当前此领域性能最好、用量最大的功能材料。

20世纪90年代中后期开始,陶瓷颗粒、纳米碳管、纳米晶须等新型非连续增强铜基复合材料成为研究综合性能更加优良的铜基复合材料。纳米碳管具有很高的弹性模量、抗断裂强度及良好的韧性,克服了碳纤维的不足;而SiC,TiN,Al$_2$O$_3$等晶须的晶体结构比较完整、内部缺陷较少,其物理性能也接近理想晶体的理论值。因此,陶瓷晶须增强铜基复合材料具有高强度和热稳定性好等许多优点。但晶须制备成本较高,其研究和应用受到了一定的限制。

颗粒增强铜基复合材料是在探索高强度铜基结构材料时为了解决强度和导电性之间的矛盾而发展起来的。通过外加或原位自生的方法在铜基体中形成微米至纳米级弥散分布的硬质点来提高材料的力学性能,又能很好地保持铜基体的传导性能,达到综合提高导电、导热、强度、耐磨、耐热等性能的效果。颗粒增强铜基复合材料可沿用传统金属的制造工艺,成本和性能均有很强的竞争力,已成为最有可能实现产业化的新型复合材料之一[12]。目前,该类材料正朝着多组元混杂增强、原位自生、增强体纳米化等方向发展,新材料体系和合成工艺不断涌现。

表1.1列出了目前一些非连续增强铜基复合材料的简要情况。表1.2对比了铜基复合材料与铜及其合金的性能。

表1.1　非连续增强铜基复合材料的研究简况

增强物	含量	粒度/μm	制备工艺	材料性能	参考文献
TiO$_2$	11%~37%（体积分数）	0.3~10	冷压-烧结-复压	HRB:67~147.5 电阻率:72%~95% IACS	[13]
WC	9%（体积分数）	1.33~3.5	混粉-热挤压-冷加工	电导率:87% IACS HV:140(冷拔) 155(冷冲) 强度:403 MPa	[14]

续表1.1

增强物	含量	粒度/μm	制备工艺	材料性能	参考文献
Al₂O₃	0.2%~5%（质量分数）	0.1,50	混粉-热烧压结-轧制	电导率:72%~95% IACS HB:87~117 抗拉强度:187~285 MPa	[15]
Mo	70%（体积分数）	3.5~5.5	混粉-热压	HRB:97 CTE:77.3 热导力:142 W/(m·K)	[16]
SiC	5%~20%（体积分数）	1.9,5	热压	抗拉强度:193~271 MPa HB:51.5~70.7	[17]
TiB₂	5%~20%（体积分数）	45	热等静压	屈服强度:160~178 MPa HV:85±6~101±4	[18]
Gr	8%~20%（质量分数）	—	冷压-烧结	HB:12.5~24.1 抗拉强度:242~376 MPa 延伸率:29.8%~43%	[19]
TiC TiB₂ WC	5%~10% 3% 5% （质量分数）	1 — 10	液态金属原位反应法	电导率:7%~15% IACS 64% LACS 92% LACS	[20]
酸式钛酸钾晶须	50%~20%（质量分数）	直径:0.2~0.5 长度:10~20	真空热压法	抗拉强度:170~215 MPa	[21]
碳纳米管	12%~15%（体积分数）	—	混粉-冷压-烧结-轧制	电阻率:2.7×10⁻⁶ Ω·cm CTE:9.36×10⁻⁶/℃	[22]
短碳纤维	5%~30%（体积分数）	7 μm,每束含单丝3 000 根	冷压-烧结	抗拉强度:50~145 MPa 热导率:110~300 电导率:20~50 MS/m	[23]

表 1.2　铜基复合材料与铜及铜合金的软化温度对比

材料	成分	软化温度/℃
纯铜	—	250
CuCr	$w(Cr) = 0.3\% \sim 1.2\%$	475
CuCrZr	$w(Cr) = 0.25\% \sim 0.65\%$ $w(Zr) = 0.08\% \sim 0.2\%$	550
WC/Cu	$\varphi(WC) = 20\%$	>800
Al$_2$O$_3$/Cu	$w(Al_2O_3) = 1.2\%$	700
AlO$_3$/Cu	$w(Al_2O_3) = 2.0\%$	750

1.3　铜基复合材料分类与设计原则

1.3.1　铜基复合材料分类与性能特点

铜基复合材料发展的 40 多年时间里,已涌现出种类繁多的材料体系,并且随着应用需求的变化,人们正不断地设计和制备新的品种。根据增强机理的不同,铜基复合材料可分为连续增强铜基复合材料和非连续增强铜基复合材料。根据增强体形成的原理不同,除外加增强铜基复合材料之外,还有原位形变铜基复合材料、原位反应合成铜基复合材料。本书将以这几大类进行分别介绍。

1. 连续增强铜基复合材料

连续增强铜基复合材料是以长纤维、金属丝、二维或三维织物、三维网络陶瓷等连续形态的组元作为增强体,以金属铜或铜合金作为基体材料制备而成的复合材料。该类复合材料中连续纤维是主要的承载组元,它既能保持铜的高导电和导热性,又能通过对增强体类型、排布方向、方式以及体积分数等进行优化设计,制备出各种高性能的铜基复合材料。其中,纤维增强的铜基复合材料作为研究最早的体系,其物理性能、力学性能以及制备工艺等都已被较系统地进行了研究,已在多个领域获得了一定的应用。按照纤维不同的排布形态,可分为单向排布(1D)、二维排布(2D)和三维排布 3 大类。单向排布的纤维是轴向平行的;二维排布是把单向排布的纤维进行正交叠层、斜交叠层(1D 叠层)或织布(平纹、斜纹、缎纹)叠层等形式再组织起来进行排列;三维排布则可形成一种立体织物,有独立纤维束的方向为 3D,4D,5D,6D,7D 等几种排布方式。

近年新发展了三维网络互穿陶瓷增强铜基复合材料,其中增强体和增韧体在三维空间呈网络互穿的形态连续分布,具有很好的承载能力,有利于将集中的应力迅速地分散和传递出去,抑制基体合金的塑性变形和高温软化,大幅度地提高了材料的抗冲击和抗耐磨性能等。这类材料极大地避免了传统连续纤维增强复合材料的各向异性的弊端,可降低材料失效的危险性,因此在特定应用条件下具有较高的优越性。

然而,连续增强铜基复合材料的制备工艺还比较复杂,生产成本较高,需要采用特殊的工艺来保证增强体按所需的排布方式分布在铜基体中,尤其是连续增强体与铜基体之间往往存在润湿性及界面反应等问题,这些均限制了连续增强铜基复合材料的进一步发展和应用。但是由于它具有非连续增强铜基复合材料无法比拟的许多性质,在特定的领域仍是无可替代的重要功能材料,因此其研究开发仍广受重视,并已取得了一系列可喜的成果。

2. 非连续增强铜基复合材料

非连续增强铜基复合材料是以铜或铜合金为基体,采用颗粒、晶须和短纤维等各类非连续增强体,通过一定的工艺制成的复合材料。具有制备工艺简单、成本低的优点,近年来发展迅速[24, 25]。

颗粒增强铜基复合材料可以采用传统金属加工工艺制备成型,颗粒增强体的原料来源丰富,尤其是复合材料的增强体分布没有取向性,因此为各向同性,目前已成为其中最大的一个门类。常用的颗粒增强体主要有碳化物颗粒(SiC, WC, TaC, TiC, VC, NbC, Cr_2C_3 等)、氧化物颗粒(Al_2O_3, ZrO_2, SiO_2, TiO_2, ThO_2, B_2O_3, MgO 等)、硼化物颗粒(TiB_2, ZrB_2, CrB_2, MgB_2

等)、氮化物颗粒(AlN,TiN 等)、金刚石颗粒、硅颗粒、金属颗粒(钢,Mo,W 等)、固体自润滑颗粒(石墨,MoS_2,$MoSe_2$,WSe_2等)以及上述增强体的混杂颗粒,等等。常用的晶须增强体包括碳化硅和钛酸钾晶须[26],短纤维则主要采用短碳纤维(有时与石墨颗粒进行混杂以获得所需的综合性能),此外,纳米碳管近期也成为非连续增强铜基复合材料备受关注的增强体[27]。

陶瓷颗粒通常不与铜发生溶解和合金化作用,而且一般都具有高强度、高硬度、高熔点等的特点,因此将它们作为铜基复合材料的弥散增强相不但能保持铜较高的导电和导热性能,还可提高材料的室温和高温力学性能。尤为重要的是,陶瓷颗粒的价格较低廉,有利于降低复合材料的成本,促进大规模生产。制备陶瓷颗粒增强铜基复合材料可采用熔铸和粉末冶金等常规的工艺,以及普遍应用于合金材料的轧、锻、挤、拉拔等工艺进行二次加工,进一步降低了复合材料的制造成本。陶瓷颗粒增强铜基复合材料具有均匀的微观组织和各向同性的各项性能,因此可较方便地利用传统的材料设计理论进行结构设计,赋予它作为结构和功能材料所需的各种性能。

石墨和 MoS_2 等固体润滑颗粒增强铜基复合材料则具有良好的滑动摩擦性能,在相对滑动时,基体中的固体润滑剂可在对摩的两个表面之间形成连续分布的自润滑层,不但降低了复合材料及对摩件之间的磨损,还可降低摩擦系数,保持摩擦过程的稳定性[28],因此该类复合材料在滑动电接触领域有良好的应用前景。

1.3.2 铜基复合材料设计原则

铜基复合材料的设计原则是根据材料设计性能的要求,在保持铜基体高导电性或导热性的前提下,选用一种或多种适当的增强相,充分发挥它的强化作用及基体和增强体二者的协同作用,使得复合材料的导电性及其力学性能指标达到良好的匹配。

为此,无论外加还是原位增强铜基复合材料的体系设计均应满足下述条件:

第一,增强体或用于原位形成增强体的元素在铜中的固溶度应尽可能低,以减少对铜基体导电性的影响。

第二,根据不同的性能需要,控制增强体或原位形成增强体的元素的含量,使增强体的体积分数保持在30%以下(如果是作为电子封装材料使用,则体积分数稍高,可达到40%～50%),保证铜基体的连续性,获得所需的导电、导热性能。

第三,增强体与铜基体既有较强的界面结合,又有良好的化学相容性,在制备和使用过程中不发生严重的界面反应。

第四,尽量选用与铜基体有较好的比重匹配的增强体,减少组元之间的密度差别,以避免制备过程的比重偏析,如果组元间的比重差难以避免,则应设计更为合理的制备工艺来避免组元的偏聚。例如,对石墨、碳纤维等轻质增强体进行表面金属化不但能改善与铜基体的界面相容性,还可降低它们与基体的比重差,有利于提高复合材料的显微组织均匀性。

在此基础上,根据使用环境的需要选择适当的增强体种类、形态和含量,实现铜基复合材料所需的耐磨、减摩、低热膨胀、耐高温等特性。例如,滑动电接触领域要求材料具有高的导电、耐磨和减摩性能,采用传统的铜合金或陶瓷颗粒单一增强铜基复合材料均不能满足要求,可采用 SiC,TiB_2,Al_2O_3 等硬质颗粒与石墨、MoS_2 等固体自润滑颗粒混杂增强铜基复合材料的设计形式,达到这三个主要性能之间的良好协调。又如,在转炉炼钢领域氧枪喷头的性能和寿命直接影响生产效率和生产成本,需要喷头材料具有良好的高温力学性能和导热性,采用体积分数适中的 Al_2O_3,SiC 等陶瓷颗粒作为增强体来弥散强化铜基复合材料,可以获得耐高温的高强度材料,很好地满足了转炉炼钢的使用要求。电子封装对于集成电路的可靠性有着重要的影响,要求封装材料具有高热导率、低热膨胀系数等优点,采用高体积分数的陶瓷、金刚石等颗粒或三维(纤维)网络陶瓷增强体,可在保证陶瓷/铜界面良好结合的前提下,达到所需的热膨胀系数,显著地提高电子器件的稳定性和可靠性。

参考文献

[1] 张国定, 赵昌正. 金属基复合材料[M]. 上海: 上海交通大学出版社, 1996.

[2] 魏剑, 尹洪峰. 复合材料[M]. 北京: 冶金工业出版社, 2010.

[3] 贾成厂. 陶瓷基复合材料导论[M]. 北京: 冶金工业出版社, 2002.

[4] HARRIGAN W C. Commercial processing of metal matrix composites[J]. Materials Science and Engineering: A, 1998, 244(1): 75-79.

[5] 赵玉涛, 戴起勋, 陈刚. 金属基复合材料[M]. 北京: 机械工业出版社, 2007.

[6] TJONG S C, MA Z Y. Microstructural and mechanical characteristics of in situ metal matrix composites[J]. Materials Science and Engineering: R: Reports, 2000, 29(3): 49-113.

[7] IBRAHIM I A, MOHAMED F A, LAVERNIA E J. Particulate reinforced metal matrix composites—a review [J]. Journal of Materials Science, 1991, 26(5): 1137-1156.

[8] ASHBY M F. Materials selection in mechanical design [M]. Oxford: Pergamon Press, 1993.

[9] MIRACLE D B, MARUYAMA B. Metal matrix composites for space systems: current uses and future opportunities[C]//Proc. National Space and Missile Materials Symp. 2001.

[10] 陶杰. 金属基复合材料制备新技术导论[M]. 北京: 化学工业出版社, 2007.

[11] WARD-CLOSE C M, CHANDRASEKARAN L, ROBERTSON J G, et al. Advances in the fabrication of titanium metal matrix composite[J]. Materials Science and Engineering: A, 1999, 263(2): 314-318.

[12] 湛永钟. 铜基复合材料及其摩擦磨损行为的研究[D]. 上海: 上海交通大学材料科学与工程学院, 2003.

[13] WARRIER K G K, ROHATGI P K. Mechanical, Electrical, and Electrical Contact Properties of Cu – TiO$_2$ Composites [J]. Powder metallurgy, 1986, 29(1): 65–69.

[14] 陈民芳, 赵乃勤, 李国俊. WC 对 Cu/WC$_p$ 复合材料性能及组织的影响[J]. 兵器材料科学与工程, 1998, 21(6): 22–26.

[15] LIANG S H, FAN Z K. Al$_2$O$_3$ particle reinforced copper matrix composite using for continuous casting mould [J]. Acta Metallurgica Sinica (English Letters), 1999, 12(5): 782–786.

[16] YIN P, CHUNG D D L. Copper–Matrix Composites of Increased Thermal Conductivity and Decreased Thermal Expansion Provided by Powder Metallurgy Processing of Copper-Coated Molybdenum Particles [C]// International SAMPE Electronics Conference. Society for the Advancement of Material & Process Engineering, 1994, 7: 266–266.

[17] LEE Y F, LEE S L, LIN J C. Wear and corrosion behaviors of SiC$_p$ reinforced copper matrix composite formed by hot pressing [J]. Scandinavian journal of metallurgy, 1999, 28(1): 9–16.

[18] TJONG S C, LAU K C. Abrasive wear behavior of TiB$_2$ particle-reinforced copper matrix composites [J]. Materials Science and Engineering: A, 2000, 282(1): 183–186.

[19] MOUSTAFA S F, SANAD A M. Effect of graphite with and without copper coating on consolidation behaviour and sintering of copper-graphite composite[J]. Powder metallurgy, 1997, 40(3): 201–206.

[20] CHRYSANTHOU A, ERBACCIO G. Production of copper-matrix composites by in situ processing[J]. Journal of materials science, 1995, 30(24): 6339–6344.

[21] MURAKAMI R, MATSUI K. Evaluation of mechanical and wear properties of potassium acid titanate whisker – reinforced copper matrix composites formed by hot isostatic pressing [J]. Wear, 1996, 201(1): 193–198.

［22］董树荣, 涂江平, 张孝彬. 纳米碳管增强铜基复合材料的力学性能和物理性能［J］. 材料研究学报, 2000, 14(B01)：132-136.

［23］凤仪, 应美芳, 王成福, 等. 碳纤维含量对短碳纤维-铜复合材料性能的影响［J］. 复合材料学报, 1994, 11(1)：37-41.

［24］Zhan Yongzhong, Zhang Guoding. The effect of interfacial modifying on the mechanical and wear properties of SiC$_p$/Cu composites［J］. Materials Letters, 2003-11,57(29)：4583-4591.

［25］Zhan Yongzhong, Zhang Guoding. Friction and wear behavior of copper matrix composites reinforced with SiC and graphite particles［J］. Tribology Letters, 2004, 17(1)：91-98.

［26］MURAKAMI R, MATSUI K. Evaluation of mechanical and wear properties of potassium acid titanate whisker-reinforced copper matrix composites formed by hot isostatic pressing［J］. Wear, 1996, 201(1)：193-198.

［27］CHEN W X, TU J P, WANG L Y, et al. Tribological application of carbon nanotubes in a metal – based composite coating and composites［J］. Carbon, 2003, 41(2)：215-222.

［28］Zhan Yongzhong, Zhang Guoding. The role of graphite particles in the high-temperature wear of copper hybrid composites against steel［J］. Materials & design, 2006, 27(1)：79-84.

第2章 非连续增强铜基复合材料

非连续增强铜基复合材料是采用颗粒、晶须和短纤维等各类非连续增强体与铜及铜合金基体复合形成的材料。与连续纤维增强铜基复合材料相比,其制备工艺简单、成本较低,近年来发展迅速。铜基体和增强相的性能以及两相的界面特性是影响非连续增强铜基复合材料性能的主要因素,因此,根据使用性能要求选择增强体并设计铜基复合材料体系,是开发该类材料的首要步骤。其中,非连续增强体的特征(如密度、模量、强度、热性能、导电性能)及其与基体之间的界面问题是复合材料设计的关键。目前,除了采用各种陶瓷颗粒和固体自润滑颗粒之外,碳化硅和钛酸钾晶须、短碳纤维以及近期备受关注的纳米碳管,都已成为非连续增强铜基复合材料的重要候选增强体。

2.1 颗粒增强铜基复合材料

2.1.1 常用颗粒增强体

与传统的时效强化铜基合金相比,颗粒增强铜基复合材料不受第二相最大固溶度的限制。铜基复合材料的增强体颗粒弥散分布于铜基体中,阻碍位错的运动,从而提高材料的强度。当增强体的体积分数相同时,颗粒的弥散程度越高、分布越均匀,其强化效果越明显。铜基复合材料通常采用的颗粒增强体主要有"硬"质和"软"质两大类:一类是用于提高机械性能、耐磨性和降低热膨胀系数的硬质颗粒(如碳化物、氧化物、硼化物、氮化物、金刚石、硅、金属等),其中陶瓷颗粒增强体都属于硬质颗粒增强体。另一类是用于改善摩擦磨损性能的软质固体自润滑颗粒(如石墨,MoS_2,$MoSe_2$,WSe_2等)。此外,还会根据不同的性能需要,在上述颗粒增强体中选择适当含量和比例的混杂颗粒作为铜基复合材料的增强组元[1]。

1. 常用陶瓷颗粒增强体

（1）SiC

SiC 是以共价键为主的共价化合物，具有基本单元为四面体的、空间网状的金刚石结构。每个 C 原子与 4 个 Si 原子以共价键相连，每个 Si 原子也与 4 个 C 原子以共价键相连，其中 C-Si 键是单键。SiC 有 75 种变体，根据结构类型可分为立方晶系、六方晶系和菱形晶系三大类，其中最常见的是高温稳定型的 α-SiC 和低温稳定型的 β-SiC。SiC 的硬度介于 Al_2O_3 和金刚石之间，机械强度高于 Al_2O_3，耐磨性能好，化学性能稳定，导热系数高，热膨胀系数小，目前常被用作高级耐火材料、磨料、功能陶瓷、冶金原料等。

（2）WC

WC 属六方晶系，其中碳原子嵌入钨晶格的间隙，并保持金属钨原有的晶格结构，形成间隙固溶体。WC 是热和电的良导体，其硬度与金刚石相近，化学性质很稳定，熔点为 2 870 ℃，沸点达到 6 000 ℃。纯 WC 属于硬而脆的材料，较易碎，通常与金属复合以提高材料的韧性，它还是制造硬质合金和高耐磨涂层的重要原料。

（3）TiC

TiC 属立方晶系，是典型的过渡金属碳化物。TiC 晶体中同时存在的离子键、共价键和金属键使其具有许多独特的性能，包括高硬度、高熔点、耐磨损、导电、很高的化学稳定性。目前，TiC 陶瓷已成为钛、锆、铬等过渡金属碳化物中应用最广的一种。

（4）Al_2O_3

Al_2O_3 有四种同素异构体及两种变体（α 型和 γ 型），通常可从铝土矿中提取。α-Al_2O_3 晶格中的氧离子为六方紧密堆积，Al^{3+} 对称地分布在氧离子围成的八面体配位中心，晶格能很大，因此 Al_2O_3 的熔点和沸点很高。α-Al_2O_3 是制造金属铝的基本原料，也是生产研磨剂、耐高温仪器、阻燃剂和填充料等的重要原材料。高纯度 α-Al_2O_3 还可用于生产人造刚玉、红宝石、蓝宝石以及现代大规模集成电路的板基。

(5)TiB_2

TiB_2 属六方晶系(AlB_2)的准金属化合物,结构参数为 $a=0.302\ 8$ nm, $c=0.322\ 8$ nm,它以共价键形式结合,是 B 和 Ti 元素之间所形成的三种化合物中最为稳定的一种。在 TiB_2 的晶体结构中,硼原子面和钛原子面交替出现构成二维网状结构,其中的 1 个 B 原子与另外 3 个 B 以共价键相结合,多余的一个电子则形成大 π 键。这种与石墨层状类似的结构和 Ti 外层电子共同作用,使得 TiB_2 具有良好的导电性和金属光泽,而硼原子面和钛原子面之间的 Ti-B 键则使它具有硬和脆的特点。TiB_2 在各种环境介质中的化学稳定性都很好,在空气中抗氧化温度可达 1 000 ℃,在 HCl 和 HF 酸中很稳定。它是重要的导电陶瓷材料、陶瓷切削刀具以及模具和铝电解槽阴极的涂层材料。

(6)B_4C

B_4C 为菱面体结构,晶格常数为 $a=0.519$ nm,$c=1.212$ nm,$\alpha=66°18'$。目前通常认为 B_4C 的菱面体结构主要由 B-C 链组成的二十面体和 C-B-C 链共同构成。由于碳原子和硼原子半径相似,可相互取代,因此 B_4C 中 B/C 的值约为 1∶4,而不是固定值。然而,研究显示 B/C 为 1∶4 的 B_4C 具有最佳的各项性能指标。该化合物中原子间共价键比超过 90%,因此,具有高熔点、高硬度、高模量,具有良好的高温强度、耐磨、低的膨胀系数、高的热中子吸收能力、抗化学腐蚀,具有导电、导热等性能特点。

(7)AlN

AlN 属类金刚石型氮化物,原子间以共价键相连,具有六角晶体结构,与硫化锌和纤维锌矿同型,空间群为 P63/mc。AlN 的室温强度高,且在高温下仍保持较高的强度,加上其高导热性和低热膨胀系数,因此是良好的耐热冲击材料。AlN 抗熔融金属侵蚀的能力很强,常被用作熔铸金属的坩埚材料。此外,它还具有良好的介电常数、介质损耗、体电阻率、介电强度等物理性能,是高功率集成电路基片和包装材料的理想候选材料。

表 2.1 列出了铜基复合材料常用的陶瓷颗粒增强体的主要性能。

表 2.1 铜基复合材料常用的陶瓷颗粒增强体的主要性能

增强体	密度 /(g·cm^{-3})	熔点 /K	电阻率 /(10^{-6}Ω·m)	热膨胀系数 /(10^{-6}K)	热导率 /(W·m^{-1}·K^{-1})	弹性模量 /GPa
SiC	3.21	2 700	0.1	4.4	1	480
WC	15.63	2 993	0.19	5.09	3.2	669
TiC	4.93	3 420	0.60	7.6	1.71	269
TaC	14.3	4 150	0.30~0.41	6.46	0.21	366
VC	5.77	3 089	0.15	7.16	0.25	434
B$_4$C	2.52	2 450	—	5.37	—	360~460
Al$_2$O$_3$	3.97	2 323	>1 020	7.92	1.59	380
TiB$_2$	4.5	3 498	0.9	8.28	6.6	514
TiN	5.21	2 950	0.217	9.35	29.1	350

2. 常用固体自润滑颗粒

（1）石墨

石墨与金刚石、无定型碳等均属于碳元素的同素异形体。石墨属于六方晶系,空间群为 P63/mmm,晶格常数为 $a=0.246$ nm,$c=0.670$ nm。石墨的晶体结构为六边形层状结构,同层的碳原子以 sp^2 杂化形成共价键,每一个碳原子以三个共价键与另外三个碳原子相连,六个碳原子在同一个平面上形成正六边形的环,伸展成片层结构,层中的 C—C 键长为 0.142 nm,处于原子晶体的键长范围内,因此在同一层内它是原子晶体。处于同一平面的碳原子各自剩下的一个 p 轨道可以相互重叠,有可自由运动的电子,使石墨的导热和导电性能优良,具有金属晶体的特征。

石墨晶体中的层间距离较大(0.340 nm),层与层之间属于分子晶体的结合形式(即范德华力结合),因此层间吸引力较弱,容易剥离。但是,由于同一层上的碳原子间结合很强,极难破坏,所以它仍然有稳定的化学性质和很高的熔点。鉴于此,目前普遍认为石墨是一种混合晶体,而不是单一的单晶体或多晶体。

石墨具有如下特殊性质：

①耐高温性。石墨的沸点为 4 250 ℃，熔点为 3 850±50 ℃，石墨在超高温电弧灼烧下的质量损失很小，热膨胀系数低。与很多常用的材料不同，随着温度的提高石墨的强度随之而增加，其 2 000 ℃的强度为室温强度的两倍。

②导电、导热性。石墨片层中每个碳原子与其他碳原子只形成 3 个共价键，因此每个碳原子保留了一个自由电子来传输电荷，其导电性超过普通非金属矿的 100 倍以上，导热性能甚至优于钢、铁、铅等金属材料。它的导热系数随着温度升高而降低，当达到一定的温度值时石墨变成绝热体。

③固体润滑性。由于石墨具有层状结构，在剪切作用下容易发生层间滑动，摩擦系数很小。石墨的润滑性能由石墨鳞片的大小决定，石墨的鳞片越大，其摩擦系数就越小，润滑性能就越好。

④化学稳定性。在常温下石墨化学稳定性良好，可耐酸、耐碱以及耐有机溶剂的腐蚀等。

⑤可塑性。石墨的韧性好，可被碾成薄片或制成所需的各种形状。

⑥抗热震性。在交变温度条件下，石墨可保持体积的稳定性而不产生裂纹。

鉴于上述性能特点，石墨已作为固体润滑剂应用在铝基、铜基、铸铁、钢基等复合材料中。为了进一步提高其热稳定性和承载性，目前还发展了氟化石墨，它在磨损条件下的寿命超过普通石墨和 MoS_2 的两倍以上，而且在不同气氛环境下的润滑性能都很稳定。

（2）MoS_2 和 WS_2

MoS_2 为六方晶系的片层结构，层间的结合很弱，所以在剪切作用下很容易发生滑动，形成平行于摩擦表面排列的织构，使其具有自润滑功能。Mo 原子和 S 原子之间以离子键相结合，使得 MoS_2 润滑膜的强度较高。由于 S 原子存在于 MoS_2 晶体表面上，因此可与金属表面产生很强的黏附作用。

MoS_2 的熔点为 1 185 ℃，密度为 4.80 g/cm^3，莫氏硬度为 1.0～1.5。

它的抗压能力良好,在低温时减摩,高温时增摩,在高温下的烧损很小,是高速、重负荷、高温、高真空及有化学腐蚀等苛刻工作条件下运转设备的良好固体润滑剂。但在 315 ℃ 以上的空气中 MoS_2 容易被氧化,因此它的高温润滑性能不如石墨。

WS_2 和 MoS_2 具有相同的晶体结构,也是一种常用的固体润滑材料,在大气中的摩擦系数为 0.103 ~ 0.105。WS_2 的制备温度直接影响其在空气中的氧化行为,随制备温度的增加其起始氧化温度、反应终止温度和氧化反应峰顶温度均随之而升高。

表 2.2 为复合材料常用固体自润滑剂的主要性能。

表 2.2 复合材料常用固体自润滑剂的主要性能

固体润滑剂	密度 /($g \cdot cm^{-3}$)	莫氏硬度 HM	摩擦系数 μ	有效温度/℃
石墨	2.09 ~ 2.23	0.5 ~ 1.0	0.14 ~ 0.19	500 ~ 600
MoS_2	4.62 ~ 4.80	1.0 ~ 1.5	0.16 ~ 0.20	250 ~ 350
WS_2	7.40 ~ 7.50	1.0 ~ 1.5	0.14 ~ 0.18	<430
$MoTe_2$	7.70	1.0 ~ 2.0	0.19	<400
WSe_2	8.0	1.0 ~ 2.0	0.10 ~ 0.17	<540
$NbSe_2$	6.25	1.0 ~ 2.0	0.11 ~ 0.17	<350
$MoSe_2$	6.90	1.0 ~ 2.0	0.16 ~ 0.20	<540
Talc(滑石粉)	2.58 ~ 2.83	1.0 ~ 2.0	<0.25	<200
Mica(云母)	2.70 ~ 2.80	2.8	<0.25	—

2.1.2 颗粒增强铜基复合材料

如前所述,颗粒增强铜基复合材料是根据使用条件对材料性能的要求,将特定种类及含量的颗粒增强体与铜或铜合金通过一定的工艺合成的复合材料。与其他形态增强体的铜基复合材料相比,它具有一些独特的优点:首先,颗粒增强体的价格通常比较便宜,可大幅度降低原材料的成本;其次,该类复合材料可采用常规的冶金加工方法制备,并且易于进行二次加工;第三,复合材料的微观组织均匀,性能各向同性,适应性强。因此,颗粒增强铜基复合材料被认为是最有发展前途及最有可能实现产业化的新材料之一。

为赋予非连续增强铜基复合材料一定的力学性能和所期望的功能特性,已探索出碳化物、氧化物、硼化物、氮化物、金属颗粒和固体润滑材料等许多种颗粒增强体。颗粒增强体可通过外加或原位反应自生的方式获得,本节主要介绍各种外加颗粒增强铜基复合材料,而原位反应自生铜基复合材料将在第5章介绍。

1. 碳化物颗粒增强铜基复合材料

(1)SiC 颗粒增强铜基复合材料

SiC 化学性能稳定、导热系数高、热膨胀系数小、力学性能好、导电导热性能优良,且原料来源广泛、成本低,因此作为铜基复合材料的颗粒增强体有着显著的性能价格优势。SiC_p/Cu 是开发高导电、导热、耐磨性功能材料的优良候选材料。

研究 SiC_p/Cu 复合材料需重点解决 SiC 颗粒与铜基体之间的界面反应、热膨胀匹配以及润湿性等问题。在低于 900 ℃时,Cu 和 SiC 不发生界面反应,润湿性较差[2,3]。在 1 100 ℃的高真空条件下,SiC-Cu 体系反应生成Cu-Si固溶体和石墨,反应产物石墨的出现使得 Cu 在 α-SiC 表面膜的润湿角达到 140°[4,5],显著降低了 Cu 对 SiC 的润湿性。同时,基体和增强体之间严重的化学反应会损害增强体的性能,不利于其增强作用的发挥。因此一般不采用液态法制备 SiC_p/Cu 复合材料,较成熟的制备工艺主要有粉末冶金法、复合电铸法[6]和复合电沉积法[7]等。

对 SiC_p/Cu 复合材料进行界面优化是进一步提高其性能的关键途径。目前,主要通过在 SiC 颗粒表面包覆金属层、无机物层或是对铜基体进行合金化等实现复合材料的界面改性。其中在 SiC 颗粒表面化学沉积 Cu,Ni 等金属涂层被认为是当前最有成效的界面改性方法。这一工艺过程中的活化和敏化处理不但清除了颗粒表面的杂质,同时还使 SiC 颗粒表面变得更加粗糙,从而增加了颗粒的表面积,有利于金属镀层更好地嵌入 SiC 颗粒表面的凹陷处,因此增加了 SiC 颗粒与金属镀层的机械互锁作用。再经过后续的压制和烧结,可使 Cu,Ni 等金属镀层与铜基体发生互扩散而连成一体,形成一种双层界面的结合模式,提高材料的力学性能与导电、导热性能。本书作者采用化学镀镍的方法,制备了 Ni 镀层厚度可控的 SiC$_{(Ni)}$ 分散颗粒,然后采用粉末冶金加热挤压的工艺制备了一系列 SiC 颗粒增强铜基复合材料。发现 SiC 颗粒经表面涂覆镍之后,在烧结过程中,镀镍层可与基体铜相互扩散,无限互溶,形成了一个在浓度上由增强体向基体逐渐过渡的连续固溶体层,使得复合材料的界面结合从简单的机械互锁结合变为成分呈梯度变化的连续固溶体结合,这一固溶体层的强度较高,可在基体和增强体之间有效地传递载荷,从而可以进一步提升复合材料的力学性能、耐磨性和导电、导热性能。

作者与合作者采用纯度超过 99.7%、平均粒度为 48 μm 的电解铜粉作为基体原料,增强体则采用平均尺寸为 14 μm 的 SiC 颗粒[8],通过化学表面处理工艺制备了表面镀镍涂层的 SiC 粉,按 SiC 体积分数分别为 5%,10%,15%,20% 与电解铜粉进行配比制备复合材料。将不同比例的电解铜粉和 SiC 混合均匀后冷压成坯,然后在 820 ℃ 的分解氨还原气氛中烧结3 h,最后按 10∶1 的挤压比进行热挤压获得棒材。

结果表明,经表面涂层处理后 SiC 体积分数为 10% 的铜基复合材料中SiC 增强体较均匀地分布于铜基体中,材料的组织致密,很少观察到疏松和显微空洞,如图 2.1 所示。说明该工艺可成功地制备出组织均匀、致密的铜基复合材料。

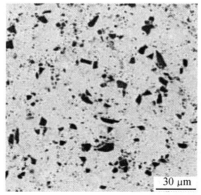

图 2.1 SiC$_{(ST)}$10%/Cu 的显微组织

对 SiC 颗粒表面涂层处理会直接影响到复合材料的界面形态,未经 SiC 颗粒表面涂层处理的复合材料,其界面上可观察到显微缝隙,说明界面结合不够紧密;而颗粒经表面处理后,复合材料的界面干净、紧密,如图 2.2 所示。说明增强体表面金属化处理工艺可有效地改善 SiC–Cu 界面的结合。

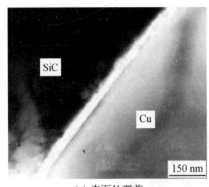

(a) 表面处理前   (b) 表面处理后

图 2.2 铜基复合材料的界面形态

对 SiC 颗粒表面涂层处理会影响到复合材料的基本性能,具体见表 2.3。虽然两者具有相当的电导率,但是经界面优化的 SiC_p/Cu 复合材料具有更高的硬度和致密度。

表 2.3 复合材料的基本性能

增强体	SiC 的体积分数/%	孔隙率/%	硬度 HB	电导率 IACS/%
SiC	10	1.4	78.1	82.6
$SiC_{(ST)}$	10	0.9	84.6	81.4
SiC	20	1.9	88.9	69.9
$SiC_{(ST)}$	20	1.3	91.6	71.1

对 SiC 颗粒表面涂层处理会影响到复合材料的力学性能(见图 2.3)。虽然 SiC 颗粒含量的增加均能提高复合材料的屈服强度,但是 $SiC_{(Ni)}/Cu$ 复合材料具有更高的屈服强度值;并且随着颗粒含量的增加,SiC/Cu 复合材料的抗拉强度下降,但 $SiC_{(Ni)}/Cu$ 复合材料的抗拉强度则随着增强体含量的增加而提高。说明处理后的 SiC 颗粒的增强作用更强,使得复合材料抵抗形变断裂的性能提高了。同时对其做了拉伸测试,其拉伸断口的 SEM 图像,如图2.4 所示。

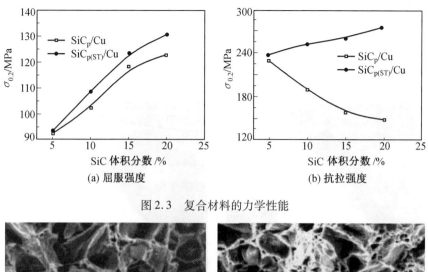

(a) 屈服强度　　　　　　　(b) 抗拉强度

图2.3　复合材料的力学性能

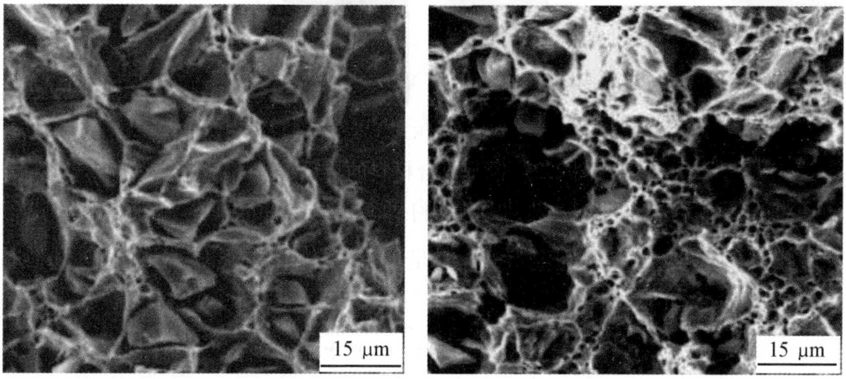

(a) SiC/Cu　　　　　　　(b) SiC(Ni)/Cu

图2.4　复合材料的断口形貌

对 SiC 颗粒表面涂层处理会影响到复合材料的磨损率。图2.5为界面优化前后的两种复合材料的磨损率随载荷变化的曲线。两种复合材料的磨损率均随着载荷的增大而升高,但在同样的载荷条件下 SiC$_{(Ni)}$/Cu 复合材料的磨损率更低,而且在高载荷条件下它的耐磨性比未进行界面优化的优越性更加明显。

(2) TiC 颗粒增强铜基复合材料

TiC 由于性能独特且稳定性好,是另一种理想的铜基复合材料颗粒增强体。研究表明,TiC$_p$/Cu 复合材料的导电性和导热性是各种陶瓷颗粒增强铜基复合材料中较好的[9],因此被认为是导热导电领域理想的功能材料。主要应用于电阻焊电极、高性能转换器、滑动电接触、热交换器等部件上。

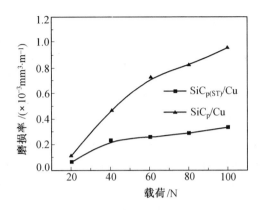

图 2.5　两种复合材料磨损率随载荷的变化

目前,TiC$_p$/Cu 复合材料的制备工艺主要包括粉末冶金、液态浸渗及复合铸造等[10]。由于 TiC 与 Cu 属于不润湿体系,在 1 100 ℃真空条件下的润湿角为 112°,因此除了保证 TiC 颗粒的均匀分散之外,制备该复合材料的另一关键是 TiC—Cu 界面良好的结合[11]。

粉末冶金工艺是制备 TiC$_p$/Cu 复合材料较为成熟的技术。例如,Akhtar 等人[12]采用球磨法将配置好的组元粉末在酒精中混合 48 h,使 TiC 颗粒充分分散,然后采用冷压工艺在 500 MPa 下压制成型,再将压坯置于 1 200 ~ 1 350 ℃的真空环境中烧结,制得 TiC 颗粒均匀分布、没有界面脱粘和微裂纹缺陷的 TiC$_p$/Cu 复合材料。研究发现,复合材料的强度、硬度和耐磨性等综合性能较高,而且添加 Ni,Ti,Co,Al 等合金元素可有效地提高 TiC$_p$/Cu 复合材料的致密性、导电性、硬度和强度(表 2.4)。

表 2.4　TiC—Cu 复合材料的力学性能

黏合剂	TiC 的体积分数/%	硬度 HV	相对密度/%	弯曲强度/MPa	TiC—465 钢的抗弯强度/MPa
Cu	77	544±10	93.4	335±20	791±25
Cu—Ti—Al	69	514±10	98.2	748±20	1 034±25
Cu—Ti—Al	77	682±10	98.8	787±20	791±25
Cu—Ni—Co	69	518±10	98.9	682±20	1 034±25
Cu—Ni—Co	77	719±10	98.6	814±20	791±25

与普通的机械混合法相比,采用机械合金化工艺来制备 TiC 与 Cu 的

混合粉末可进一步细化晶粒,并且降低增强体与基体之间润湿性的要求,该法制备的粉末可通过传统的粉末冶金工艺来合成致密的块体铜基复合材料。由于机械合金化过程的高能球磨使 TiC 与 Cu 的混合粉末反复地经受变形、冷焊和破碎等变化过程,使得混合粉末在球磨初期即已形成层状的复合颗粒,并且不断地产生新生原子面,逐渐地细化了层状结构。同时,在球磨作用下粉末不断变硬,使回复过程变得困难,晶粒度逐渐减小,最终在混合粉末中达到原子水平的合金化。因此,采用该工艺制备的 TiC$_p$/Cu 复合材料,其增强体分布比较均匀,尺寸和数量均可受到很好的控制。同时,研究发现复合材料的硬度、屈服强度和抗拉强度等力学性能随着球磨时间的延长和 TiC 含量的增大而提高,而导电性和延展性则呈现出相反的规律。

（3）WC 颗粒增强铜基复合材料

WC 的化学性质稳定,熔点高,导电、导热性能和力学性能优良,把它作为铜基体复合材料的增强体,有望获得高强度、高模量、高硬度且导电性能优良的结构功能复合材料。目前,制备 WC$_p$/Cu 复合材料的主要工艺是粉末冶金法和高能球磨法[13, 14]。

由于 WC 与铜及铜合金的密度差较大（WC 为 15.63 g/cm^3,纯铜为 8.9 g/cm^3）,制备 WC$_p$/Cu 复合材料时容易发生 WC 粉末的聚集和分层现象,造成复合材料中存在一定的孔隙率,从而降低基体的连续性。WC 的不均匀现象也随着其含量增加而越趋严重,造成 WC$_p$/Cu 复合材料的机械和物理性能下降。因此,保证 WC 颗粒在铜基体中的分散是制备该复合材料的重要前提。

WC 颗粒的含量对复合材料的综合性能有显著的影响。虽然 WC 属于导电性能较好的陶瓷类增强体,但是仍比铜基体要低;尤其是它和铜及其合金的热膨胀系数相差较大,采用粉末冶金或高能球磨工艺制备时将在连续分布的铜基体中形成内应力并引起晶格畸变,使得位错密度显著增加,对电子波起散射作用,所以当 WC 颗粒的体积分数较高（例如超过 4%）时,将会引起复合材料的电导率有一定的下降,但是需要指出的是,该成分范围（1% ~ 4%）的电导率仍可维持在铜基复合材料应用所需的范围之内。

表2.5列出了 WC_p/Cu 复合材料与铬铜、铬锆铜等合金的性能,可以看出,WC_p/Cu 复合材料具有与常用高强高导铜合金相当的硬度和电导率。由于在高温下 WC 颗粒增强体对铜基体晶粒的再结晶和晶粒长大行为有阻碍作用,具有良好的高温抗蠕变性能,因此使得复合材料的软化温度超过 800 ℃,远高于高强高导铜合金的 475 ~ 575 ℃ 的范围[15]。

表2.5 WC_p/Cu 复合材料与铬铜、铬锆铜等合金的性能

材料牌号	合金成分(余量 Cu)(质量分数)/%	电导率 IACS/%	硬度 HV	软化温度/℃
CuCr	Cr 0.3 ~ 1.2	75 ~ 82	125(半硬态)	475
CuCrZr	Cr 0.25 ~ 0.65 Zr 0.08 ~ 0.2	75	135(半硬态)	550
CuCrZrNb	Cr 0.15 ~ 0.4 Zr 0.1 ~ 0.25 Nb 0.08 ~ 0.25 Co 0.02 ~ 0.16	>75	142(半硬态)	575
WC/Cu	WC 20%(体积分数)	74	125(热压态) 140(复压态)	>800

(4)B_4C 颗粒增强铜基复合材料

B_4C 是一种轻质陶瓷材料,在自然界中次于金刚石和立方氮化硼,硬度位居第三的物质。它的高温力学性能优良,热膨胀系数低,特别是价格较低廉,因此是铜基复合材料理想的颗粒增强体。已报道的 B_4C/Cu 复合材料的制备方法包括粉末冶金、机械合金化和复合电铸等工艺。

与 SiC,TiC 等其他碳化物增强体类似,B_4C 与 Cu 基体之间的润湿性较差,因此改善组元间的界面结合是提高铜基复合材料综合性能的关键,而颗粒表面金属化处理是最为重要的措施。例如,采用蒸镀法对 B_4C 颗粒进行表面涂覆含钛金属层,再与铜粉混合均匀,通过粉末冶金工艺可合成致密的颗粒增强铜基复合材料,比未经颗粒表面涂覆处理的材料具有更高

的致密度、传导性能、力学性能和抗磨损性能。

葛昌存院士团队[16]针对该体系中 B_4C 陶瓷和 Cu 之间导电性和熔点存在较大差异的特点,提出了在超高压下通电烧结 B_4C_p/Cu 梯度复合材料的新工艺。他们在 2 ~ 4 GPa,12 kW,40 s 及适当的热处理条件下,采用超高压下通电烧结工艺成功地制备了成分范围很大的 B_4C_p/Cu 层状复合材料,其致密度接近100%。显微分析结果表明,层状复合材料的成分和结构均呈梯度分布。他们对此材料进行了化学溅射实验,发现其产额比 SMF800 核纯级石墨降低70%,表明该复合材料的抗等离子体辐照性能良好。

采用复合电铸技术制备 B_4C 颗粒增强铜基复合材料克服了粉末冶金法存在的制备温度高、工艺复杂、成本较高,以及机械合金化法引入杂质而影响材料电导率等问题,可以高效率地制备出较厚的镀层。该法结合了复合电沉积和电铸技术的优点,镀液温度、浓度、电流密度等因素均对复合材料的成分和微观组织有较显著的影响。例如,过高或者过低的电流密度均不利于获得合适的 B_4C 含量,其影响存在一个最佳值;随着镀液的温度升高,获得的复合材料中 B_4C 颗粒的含量逐渐降低。根据对上述影响因素的研究,优化了复合电铸的工艺参数,可制备出颗粒均匀分布的 B_4C_p/Cu 导电功能复合材料。

2. 氧化物颗粒增强铜基复合材料

铜基复合材料最常用的氧化物颗粒增强体为 Al_2O_3,此外还包括 Cr_2O_3,ZrO_2,ZnO,稀土氧化物等。

Al_2O_3/Cu 复合材料是研究最早也是研究最多的颗粒增强铜基复合材料,它起源于20世纪80年代美国 SCM 公司开发的 Glidcop 系列 Al_2O_3/Cu 复合材料,目前已进入实用化阶段。Al_2O_3/Cu 复合材料具有高强度、高导电性和导热性(与纯铜接近),尤其是它良好的抗电弧侵蚀和抗磨损能力,而成为应用前景广泛的新型功能结构材料之一。Al_2O_3/Cu 复合材料的主要制备方法有粉末冶金法、机械合金化法、共沉淀法、热还原反应法、反应喷射沉积法和内氧化法等,本节主要介绍采用外加增强制备法。

作为制备 Al_2O_3/Cu 复合材料最成熟的工艺,粉末冶金法可应用于合

成 Al_2O_3 体积分数、颗粒尺寸以及铜基体的组成不同的复合材料,可获得增强相分布均匀、组织致密、界面反应少、增强相含量可根据需要调节的块体复合材料。本书作者采用粉末冶金加热挤压工艺制备了 Al_2O_3 颗粒增强 CuCrZr 合金基复合材料,通过后续的时效热处理,同时发挥了 Al_2O_3 颗粒的复合增强作用和基体的时效强化效应[17~19],其中 CuCrZr 粉末采用水雾化法制备。

在 480 ℃时效处理 1 h 之后,Al_2O_3/CuCrZr 复合材料的 CuCrZr 基体中形成了直径为 200 nm 左右的等轴弥散相,如图 2.6 所示。它通过 Orowan 机制对 Al_2O_3/CuCrZr 复合材料及其基体合金起强化作用。

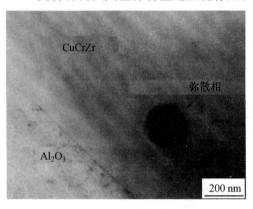

图 2.6　经过 480 ℃时效处理 1 h 之后 Al_2O_3/CuCrZr 复合材料中
Al_2O_3 颗粒与 CuCrZr 合金界面区域的 TEM 显微组织

对 CuCrZr 基体合金和挤压态的 7% Al_2O_3/CuCrZr 复合材料在 440 ℃ 及 480 ℃下进行了时效处理,其显微硬度-时效时间曲线如图 2.7 所示。结果发现,两个时效温度下挤压态的 Al_2O_3/CuCrZr 复合材料的硬度均远远大于 CuCrZr 合金的硬度值。因此,将硬质 Al_2O_3 颗粒加入 CuCrZr 基体中可促进材料的时效过程。同时,与基体合金相比,Al_2O_3/CuCrZr 复合材料的硬度、屈服强度和抗拉强度等力学性能均明显提高。

表 2.6 为经 480 ℃时效处理 1 h 的复合材料与 CuCrZr 合金材料的高温拉伸性能。由表可以看出,在 530~650 ℃每个相同的拉伸温度下,复合材料的抗拉强度都远远高于 CuCrZr 合金的抗拉强度,并且随着温度升高,

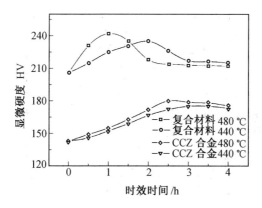

图 2.7 Al₂O₃/CuCrZr 复合材料及其基体合金在440 ℃及

480 ℃时效处理不同时间的显微硬度变化曲线

前者抗拉强度的降幅低于后者。

表 2.6 复合材料与基体合金的高温拉伸性能

拉伸温度/℃		530	570	610	650
复合材料	抗拉强度/MPa	328.1	303.5	272.0	238.9
	延伸率/%	13.2	15.4	18.6	25.3
CuCrZr 合金	抗拉强度/MPa	232.6	201.3	158.6	96.7
	延伸率/%	22.5	26.1	31.3	37.2

作者研究了时效处理对 Al₂O₃/CuCrZr 复合材料及其基体合金的干滑动摩擦磨损行为的影响,发现对应于硬度峰值的时效处理温度,两种材料的磨损率均达到最低值(图 2.8)。Al₂O₃/CuCrZr 复合材料具有比 CuCrZr 合金更好的耐磨性和摩擦稳定性,它具有更低的摩擦系数,而且可以更快地达到摩擦系数的稳定值,在整个摩擦磨损过程中摩擦系数的变化幅度更小(图 2.9),表明它和对摩材料之间的滑动摩擦稳定性更好。

除了较成熟的粉末冶金法之外,机械合金化法、复合电沉积法和搅拌铸造法等外加法均已成功地用于 Al₂O₃/Cu 复合材料的制备。例如,采用高能球磨工艺使 Al₂O₃ 粉末与铜粉达到原子级的紧密结合,甚至在局部形成固溶体的结合形式,然后经过压制、烧结和加压成型等后续工艺制出

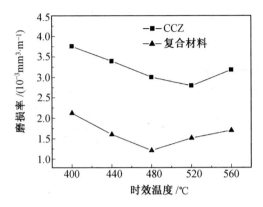

图 2.8　$Al_2O_3/CuCrZr$ 复合材料与 CuCrZr 基体的
磨损率随时效温度变化关系

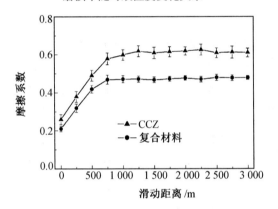

图 2.9　$Al_2O_3/CuCrZr$ 复合材料与 CuCrZr 基体的
摩擦系数–滑动距离曲线

Al_2O_3 颗粒分布均匀、组元结合良好的块体复合材料。球磨–粉末冶金法比较难控制合成工艺,所制备的复合材料的基体晶粒尺寸较大,对力学性能有一定的影响。

　　为了更好地发挥增强作用,增强体的纳米化是发挥 Al_2O_3 颗粒增强作用的一个重要新途径。综合运用不同的制备方法制备 Al_2O_3/Cu 纳米复合材料,发现纳米 Al_2O_3 颗粒的增强作用十分明显。采用颗粒尺寸为 50 ~ 70 nm 的纳米 Al_2O_3 颗粒来增强铜基复合材料,可获得晶粒细小的铜基体组织,具有良好的综合性能(电导率超过 46 S/m,软化温度超过 660 ℃,室温硬度达 130 HV)。当纳米增强体的体积分数超过 2% 时,复合材料强度增加的幅度达到 20% 以上[20, 21]。

3. 硼化物颗粒增强铜基复合材料

TiB_2 是目前铜基复合材料最常用的硼化物颗粒增强体。它的力学、电学和热学性能良好,属于导电陶瓷材料;化学性质稳定,在高温下与金属 Cu 不发生界面反应,复合材料的残余应力较低。因此 TiB_2/Cu 复合材料的开发受到重视,被认为是大规模集成电路引线框架、高强度高导电点焊电极等导电功能领域的重要候选材料。

与其他陶瓷颗粒增强铜基复合材料类似,粉末冶金工艺是当前制备 TiB_2/Cu 复合材料的最常用的外加法。根据 TiB_2 颗粒的表面状态不同,又可分为直接混合法(未进行颗粒表面处理)和颗粒包覆混合法两种。Yih 等人[9]采用上述两种方法先配制好混合粉末,在氢气中进行还原处理以去除氧化物等杂质,然后再通过冷压和热压工艺来制备块体复合材料。研究分析发现,增强颗粒的含量对复合材料的性能,尤其是制备工艺的影响比较显著:当 TiB_2 颗粒的体积分数较低时,两种工艺制备的 TiB_2/Cu 复合材料的显微组织和性能都比较接近;而随着 TiB_2 颗粒增强体的含量增加(例如超过 40%),采用直接混合法制备的复合材料的孔隙率比同一含量的包覆混合法制备的复合材料高很多(图 2.10)。包覆混合法工艺可使复合材料获得更好的力学、导电和导热性能(图 2.11),主要原因是增强体-基体界面的结合状态对成形过程中基体组织的连续性形成以及增强体的分散性有重要影响。

4. 金属颗粒增强铜基复合材料

如前所述,普通的陶瓷增强体和铜之间的润湿性较差,通常没有界面反应,因此形成弱界面结合的形式,限制了增强作用的有效发挥,表面涂层工艺往往会增加工艺的成本。而采用 Mo、钢等金属颗粒作为铜基复合材料的增强体,可形成金属-铜的界面形式,有助于改善界面的湿润性。此外,金属颗粒增强体与铜基体的密度更为接近,因此更容易在铜基体中均匀弥散地分布,避免产生偏析。所以可采用铸造和粉末冶金等多种传统的材料制备方法来生产,简化了制造工艺,降低了成本,其中铸造法特别适于

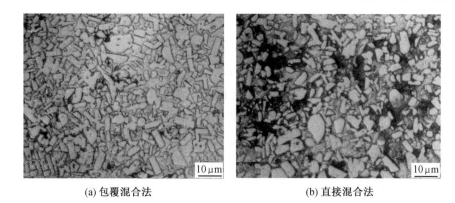

(a) 包覆混合法   (b) 直接混合法

图2.10 采用两种工艺制备的60% TiB$_2$颗粒增强铜基复合材料的显微组织

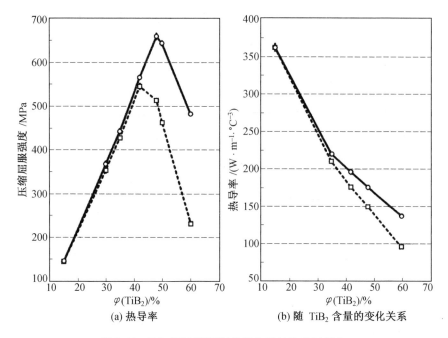

(a) 热导率   (b) 随 TiB$_2$ 含量的变化关系

图2.11 TiB$_2$颗粒增强铜基复合材料的抗压强度

"〇"代表包覆混合法,"□"代直接混合法

制备较大尺寸的复合材料零部件。

例如,已开发的采用悬浮浇铸制备钢颗粒增强铜基复合材料的工艺。悬浮浇注法是在浇注过程中将一定量的固态金属颗粒加入到金属液中,从而改变金属液凝固过程,达到细化组织、减小偏析、减小铸造应力的目的的

一种工艺方法,生产过程中要注意控制冷却速度以促进颗粒的均匀分布[22]。首先要去除钢颗粒表面的气体和氧化物等污染物,然后采用悬浮浇铸工艺来合成铜基复合材料,该工艺要保证钢颗粒与纯铜液有较合理的高温接触时间,使其能均匀混合。为了控制复合材料铸件的冷却速度,需要合理选用或调整铸型材料以改变铸型的传导特性和蓄热系数。对采用悬浮浇铸工艺制备的复合材料进行成分和微观结构分析发现,钢颗粒没有固溶于纯铜基体,没有发生铜基体中的铁污染或是界面区域及基体中的过度扩散等现象,钢−铜两种组元之间的界面结合良好。该法制备的钢颗粒增强铜基复合材料具有良好的综合性能,其电导率达到81% IACS,很好地解决了普通铸造工艺制备复合材料存在的增强体分布不均匀、界面结合不良等问题。

金属 Mo 也是铜基复合材料理想的颗粒增强体,它具有强度高、熔点高、弹性模量大等优点,导电性能优良(远高于碳化物、氧化物等陶瓷增强体),尤其是在液相线下与 Cu 基本不互溶,这对于保证铜基体的电和热传导性能非常重要。目前已报道了采用机械合金化法制备 Mo/Cu 复合材料[23]。研究发现,Mo 颗粒质量分数为 5% 时,具有较好的强化效果,复合材料的综合性能优于普通的高强高导铜合金,相对电导率达到 90.2% IACS,抗拉强度为 501.1 MPa,维氏硬度为 144.9[24]。

5. 铜基自润滑复合材料

滑动电接触是铜基复合材料的一个重要应用领域,因此将一种或多种固体润滑颗粒与铜及其合金制成铜基自润滑复合材料,在摩擦过程中由固体润滑剂在对摩的两个接触面上形成润滑膜,可显著地减轻对摩材料的磨损率,因此该类复合材料兼具铜基体良好的导电导热性能和固体润滑剂的摩擦学特性。通过调整铜基自润滑复合材料的组成,使其在高温、低温、真空、强辐射等恶劣的工况条件下有独特的优势,可适应各种不同的气候环境、化学环境、电气环境和特殊环境,例如高温、高真空等,因此在航空、航天、机械、汽车等行业的轴承、齿轮及滑动部件上有很好的应用。

固体自润滑颗粒的强度通常较低,在外载荷作用下容易发生断裂或是从基体中脱落,为此要保证铜基体和界面具有一定的强度,以满足使用条件下的承载需要,发挥固体润滑剂的减摩作用。过高的固体自润滑颗粒含量将会降低复合材料的强度、硬度等力学性能,使材料的承载能力下降,不利于自润滑薄膜的形成,甚至导致复合材料严重的剥层磨损;而过低的固体润滑剂含量则不能形成连续的固体润滑膜,影响其作用的发挥。为此,需要合理选择铜基自润滑复合材料中固体润滑剂的含量,协调好强度与润滑性能的关系。

石墨/铜复合材料是研究最早、工艺最为成熟的铜基复合材料之一。石墨作为固体润滑剂添加到铜及其合金中发挥润滑减摩作用,而连续分布的铜(合金)基体则起承载和联结石墨颗粒的作用。需要指出的是,以非连续状态分布的石墨力学性能较低,对铜基体有割裂作用,减少了复合材料承受外力的有效横截面积,还会引起基体的应力集中。因此增加石墨的含量,会降低复合材料的承载能力,使强度和硬度下降。

由于石墨/铜复合材料中两种组元之间的润湿性较差,属于弱界面结合类型,因此界面问题是影响该复合材料发展的重点因素。目前,石墨/铜复合材料的制备方法有粉末冶金法、液态铸造法以及浸渍法三大类,其中前两类为常用制备方法,并具有较成熟的工艺[25,26]。

石墨和铜及其合金的比重差别大,采用液态法制备铜基石墨复合材料时容易产生石墨粉的聚集和上浮现象,导致颗粒分布不均匀。而粉末冶金法可以按所需比例和粒度来配制铜(合金)和石墨的混合粉末,在干混或湿混的条件下,经过机械混合来获得两种组元粉末均匀分布的混合体,然后采用冷压–烧结–复压复烧,或热压、热等静压等工艺制备复合材料。

采用普通的粉末冶金制备的石墨/铜复合材料其致密度通常较低,微观组织中存在一些孔隙,使得复合材料的力学性能较低。为此,需要通过复压复烧工艺来增加石墨/铜复合材料的致密度。复压的目的是减少孔隙率,所以这一阶段的压制压力通常较小。为了消除复压所产生的内应力和微裂纹,还应对样品进行复烧或退火。如果想得到更高致密度和性能的复合材料,则可采用热压或热等静压工艺来制备复合材料,以改善复合材料中连续相(铜基体)的致密度及其与石墨颗粒之间的界面紧密性。

可以从铜基体的合金化设计、石墨的表面处理、复合材料的制备工艺等多个方面出发来进行石墨/铜复合材料的界面结构及材料性能的优化。对石墨颗粒进行表面处理来改善铜基体与石墨的界面结合,是提高石墨/铜复合材料综合性能的重要措施,其中采用化学镀工艺在石墨表面镀铜层的方法已比较成熟。大量的研究结果表明,镀铜石墨改善了铜-石墨之间的界面结合,促进了石墨颗粒的均匀分布,铜基体的连续性更好。该法极大地避免了石墨颗粒之间的直接接触,促进烧结并提高了复合材料的致密度和承载能力,对于改善润滑减摩性能有明显的作用。

Kovacik 等人[27]采用热等静压工艺制备出石墨体积分数为 0 ~ 50% 的铜基自润滑复合材料,并采用同一种石墨粉末进行镀铜制备出 30% ~ 50% 石墨含量的复合材料,如图 2.12 所示。

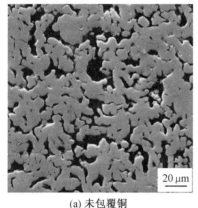 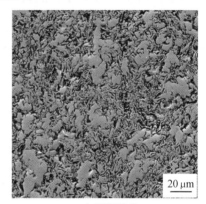

(a) 未包覆铜　　　　　　　　　　　　　(b) 包覆铜处理

图 2.12　30% 石墨/铜复合材料的显微组织

研究发现,该自润滑复合材料的摩擦磨损行为受到石墨含量的影响,并存在一个临界值。当石墨含量不高时,两种复合材料的干滑动摩擦系数和磨损率均随着石墨含量的增加而降低。超过临界值后,复合材料的摩擦系数不再受到石墨含量的影响,但磨损率则依然随着石墨含量的增加而下降。他们发现这一临界值与 Rohatgi 等人[28]对 20% 石墨的铜基复合材料的研究结果不同,它受到复合材料的微观结构(特别是界面结合状态)的显著影响:对于石墨粒度为 16 μm 且未包覆铜的复合材料,该临界值为 12%,较粗石墨粒度(25 ~ 40 μm)时则为 23%。对于采用包覆铜层石墨来制备的复合材料,这一临界值则超过 25%,实践证明,在石墨表面进行涂层处理有助于提高复合材料的减摩特性,如图 2.13 所示。

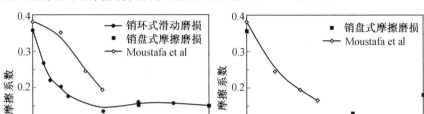
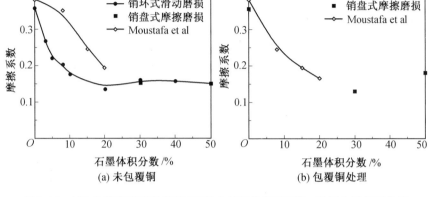

图 2.13　100 N 载荷下两种石墨/铜复合材料的摩擦系数-石墨含量关系曲线

　　采用化学镀工艺进行石墨颗粒镀铜处理也有其不足之处:纯铜在高温下容易氧化腐蚀,在较高的成型温度下,镀层容易球化而影响铜基体与石墨的复合效果。同时需要指出的是,通常的化学镀铜所获得的是单一铜镀层,合成复合材料之后石墨与铜(合金)基体之间仍为机械黏合方式,复合材料的性能改善是有限的。为了获得所设定的综合性能的石墨/铜复合材料,理想的石墨表面镀层应该具有更好的耐高温性能,组元之间的湿润性能好,最好能发生一定的互扩散或界面反应从而具有足够的强度来传递载荷。金属镍正是满足上述条件的良好镀层材料,高温时石墨在镍中具有一定的溶解度,而且镍的高温性能比铜更好、与铜基体可无限互溶。因此许多研究人员采用石墨表面镀镍的方法来进行石墨/铜复合材料的界面改性,以提高材料的综合性能[29]。

　　半固态铸造法是通过采用搅拌工艺来使石墨颗粒混入半固态铜合金中实现两者的复合,它克服了常规铸造工艺制备石墨/铜复合材料时由于比重差而在合金液上部产生的石墨聚集现象[30]。常用的搅拌工艺主要为机械流变搅拌法和电磁机械复合搅拌法。前者是在氮气保护条件下,采用搅拌桨叶把石墨粉和处于固液两相区的铜合金搅拌均匀,机械搅拌作用还在浆料中起到流变作用,最后在高压下使液固混合体成型获得复合材料。后者则是在前者的基础上,利用电磁力产生的周向运动来使凝固过程中形成的枝晶破碎,再通过机械搅拌器的上下移动,在整个坩埚内消除石墨颗粒的上浮和聚集,促进其均匀地分散在未凝固的液相中,形成金属半固态浆料,极大地提高了生产效率。为了减少由于气体的卷入而造成复合材料降低性能,近年来又在半固态铸造法的基础上发展了真空半固态铸造法。但整体而言,半固态铸造法的控温区间较窄,因此工艺还相当复杂,需要采用专门的设备来完成,这些均增加了生产成本。目前,人们仍以粉末冶金法为主要制备手段来开发各类石墨/铜复合材料,并逐步提高其各项性能。

基体合金化是实现铜基体连续相的强化以及界面改性最为简便的手段,可有效地提高复合材料的承载能力,发挥石墨的自润滑作用,对于石墨/铜自润滑复合材料的研究十分重要[31]。作者和合作者利用粉末冶金法研发制备出 CuCrZr 基石墨自润滑复合材料。该工作采用水雾化 Cu–Cr–Zr粉末(体积分数:0.65% Cr, 0.08% Zr)和镀铜石墨粉末作为原料,两者的粒度分别为 38 μm 和 43 μm。在石墨表面的铜涂层分布很均匀(见图2.14),XRD 分析表明 Cu 镀层的纯度很高,没有发现氧化物等杂质。首先按照石墨体积分数为 4% 和 8% 的比例将两种粉末混合,然后在 320 ℃ 的氢气气氛中进行 30 min 的还原处理,以去除颗粒表面的氧化物。再在室温和 310 MPa 的压力下冷压20 min,于 400 ℃下热压 25 min,最后在 420~580 ℃保护气氛下进行时效处理。

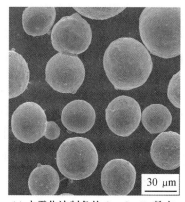
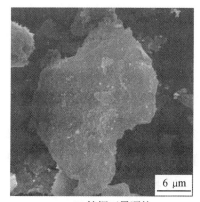

(a) 水雾化法制备的 Cu–Cr–Zr 粉末　　　　(b) 镀铜石墨颗粒

图 2.14　制备 Gr/CuCrZr 复合材料的粉末原料 SEM 形貌

图 2.15 为 8% Gr/CuCrZr 复合材料的典型微观组织,可以看出材料的

组织致密、石墨颗粒在 Cu-Cr-Zr 分布均匀。TEM 观察表明,热压态的复合材料中,Cu-Cr-Zr 基体上有胞状结构的剪切带(图 2.16(a)),其内部的位错密度较低,但带间的界面明显,表明复合材料基体中只发生了动态回复而没有动态再结晶。经过时效处理后,在基体上形成了直径为 150 ~ 200 nm 的富铜弥散析出相(图 2.16(b)),它通过 Orowan 机制对于提高 Gr/CuCrZr 复合材料的强度和硬度有显著的作用。在 Cu-Cr-Zr 基体中加入石墨颗粒,可使材料在带电滑动磨损条件下降低磨损率,同时获得更为稳定的滑动摩擦系数(表 2.7)。适当的时效处理可提高复合材料基体的力学性能,从而更有利于石墨颗粒固体润滑作用的发挥。

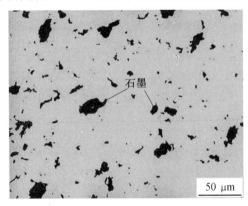

图 2.15　Gr/CuCrZr 复合材料的光学显微组织形貌

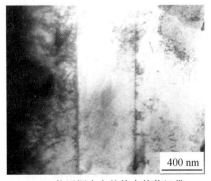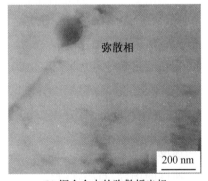

(a) 热压铜合金基体中的剪切带　　　　(b) 铜合金中的弥散析出相

图 2.16　Gr/CuCrZr 复合材料的 TEM 显微结构照片

　石墨/铜自润滑复合材料的摩擦磨损是一个复杂的过程,石墨的固体润滑作用的发挥受到基体金属性质、固体润滑膜的性质、厚度和分布状态、润滑膜与基体的结合强度、摩擦磨损的外在工况条件等许多因素的影响。研究发现,石墨/铜复合材料在磨损时,分布于铜基体中的软质相石墨受到对偶件挤压力、摩擦力和摩擦热的共同作用,而在两个滑动表面之间形成一层较为稳定且非常容易发生剪切变形的固体润滑层,并且复合材料的亚表层区域不断地向表面区域补充固体润滑剂,用于修复被撕裂或划伤的润滑膜,改变了摩擦副的接触形式,起到润滑和减摩作用,因此它在基体中的均匀分布对于摩擦性能很重要。

表 2.7　Gr/CuCrZr 复合材料及其基体材料的摩擦性能

材　料	磨损率 /($\times 10^{-6} mm^3 \cdot N^{-1} \cdot m^{-1}$)	配偶件磨损率 /($\times 10^{-6} mm^3 \cdot N^{-1} \cdot m^{-1}$)	摩擦系数
CuCrZr 合金	17.6	32.4	0.72
Gr4%/CCZ	7.2	9.7	0.43
Gr8%/CCZ	4.3	4.9	0.37

　　铜基复合材料的磨损机理受到石墨含量、颗粒大小、分布等材料内部因素以及温度、湿度、载荷、速度等外界条件的影响。石墨的含量是最为重要的影响因素之一。如果铜基复合材料中的石墨含量较低,则摩擦副表面不能形成连续的固体润滑膜,复合材料的主要磨损形式为黏着磨损、氧化磨损和磨粒磨损等,磨损率较大。逐渐增加石墨含量,可在两个对摩面上形成连续的固体润滑膜而有效地阻止黏着磨损的发生,则复合材料磨损以疲劳剥落为主,磨损率较低,摩擦系数下降。石墨含量对摩擦磨损性能的影响也受到载荷和滑动速度等外部因素的影响。研究发现,在低载荷、高滑动速度的场合,应选择石墨含量较高的铜基复合材料;而对于高载荷、低滑动速度的场合,石墨含量稍低的铜基石墨自润滑复合材料更能发挥石墨的耐磨和减摩作用。需要指出的是,提高石墨含量会引起石墨/铜复合材料的承载能力下降,在较大的载荷作用下,铜基体容易发生较大的塑性变形,使对摩面上的石墨固体润滑膜发生破裂,在局部的对摩区域上形成金

属之间的直接接触,磨损机理以黏着磨损为主,进一步加剧了磨损。除此之外,石墨的颗粒度、石墨和铜基体之间的界面结合等,也都是设计复合材料时需要考虑的因素。

作为自润滑材料使用时,铜基复合材料除了最常用石墨作为固体润滑剂之外,通常还会根据工况条件的不同,采用 MoS_2,WS_2,$NbSe_2$ 等作为自润滑添加剂,以获得不同的综合性能。例如,滑动电接触材料要有低的接触电阻以减少电功率损耗,还要有较好的摩擦磨损性能以实现良好的带电滑动工作效果。石墨的导电性能较好,但在真空环境中摩擦磨损严重;而 MoS_2 和 WS_2 等固体润滑剂在真空环境中则有较好的自润滑性能,然而它们的导电性能却相对较低。因此,以石墨和硫化物固体润滑剂为铜基复合材料的混杂添加剂可在一定程度上发挥两者的优点,弥补不足之处,更好地满足使用性能的要求。

随着仪表的高性能化和精密化发展,对复合材料的带电摩擦磨损性能也提出了更高的要求。近期研究发现,采用纳米 $NbSe_2$ 作为铜基自润滑复合材料的添加剂可获得良好的综合性能。纳米 $NbSe_2$ 的晶体结构和摩擦学特性与 MoS_2 类似,而导电性能却比 MoS_2 高得多(约高 6 个数量级以上),接近石墨的电导率。因此利用 $NbSe_2$ 纳米纤维各向异性的特点,不但可保持铜基体自身良好的导电性,又可改善复合材料在工作过程中的滑动和换向能力[32]。

6. $M_{n+1}AX_n$ 三元层状陶瓷增强铜基复合材料

综合对比当前铜基复合材料常用的各类颗粒增强体,可以发现碳化物的导电性能一般,且部分碳化物的稳定性较低;氧化物的热稳定性和弹性模量较高,但是导电性能很低;而氮化物的导热性能较差,与铜基体复合会导致复合材料导热性能的显著下降。为此,开发具有良好综合性能的新型非连续增强体对于铜基复合材料的发展有重要意义,仍是当前研究工作的重要方向之一。

三元层状化合物 $M_{n+1}AX_n$(简称 MAX 相)是近年来受到人们关注的一类新型陶瓷材料,其中 M 代表 Sc,Ti,V,Cr,Zr,Nb,Mo,Hf 等早期过渡金属,A 主要为 Al,Si,P,S,Ga,Ge,As,In,Sn,Ti 等第三或第四族元素,X 为 C

或 N 元素;n 通常取 1~3,根据 n 值的不同,可以将 MAX 相分为 211,312,413 相等,代表性化合物有 Ti_3SiC_2,Ti_3AlC_2,Ti_3GeC_2,Ti_2SnC 等[33]。

MAX 相属于六方晶体结构,空间群为 P63/mmc,其中存在着金属键、过渡金属八面体的强共价键和层间弱结合力价键,因此它有高强度、高熔点、良好的热稳定性和抗氧化性能,以及较高的导热性能、导电性能、高温塑性和机械加工性能,兼具了金属和陶瓷的综合性能[34]。特别是 MAX 相的热胀系数与铜基体比较接近,它的层状结构使其具有较好的自润滑性能,因此是良好的铜基复合材料增强体。目前采用粉末冶金法制备 $M_{n+1}AX_n$ 陶瓷颗粒增强铜基复合材料,报道的增强体主要包括 Ti_3SiC_2,Ti_2SnC,Ti_3AlC_2 等[35~37]。

研究发现,采用热压工艺(烧结温度 800 ℃、压力 45 MPa、保温时间 30 min)制备的(5% ~ 40%)Ti_3SiC_2/Cu 复合材料具有比石墨/铜复合材料更好的力学和摩擦磨损性能。与相同体积分数的石墨/铜复合材料相比,Ti_3SiC_2/铜复合材料的极限压缩强度和屈服强度要高出 2~4 倍。随着增强体含量的变化,两种复合材料的屈服强度呈现出不同的变化趋势:Ti_3SiC_2/铜复合材料的屈服强度随着 Ti_3SiC_2 颗粒含量的增加而逐步提高,这与石墨/铜复合材料屈服强度逐渐降低的趋势正好相反。虽然两种复合材料的极限压缩强度都随着增强相含量增加而降低,但 Ti_3SiC_2/铜复合材料在增强体体积分数超过 20% 后其又逐渐增加并达到一个峰值。该复合材料的固体自润滑性能优异,与石墨/铜复合材料的摩擦系数在石墨体积分数超过临界值之后基本恒定不变的现象不同的是,它的摩擦系数随着 Ti_3SiC_2 颗粒的增加而持续降低,表明该复合材料减摩性能提升的潜力很大。目前该材料制备需要解决的问题是减少 Ti_3SiC_2 颗粒的团聚现象、改善复合材料的均匀性和致密性,以改善综合性能。采用颗粒表面镀铜层,然后再与铜粉合成复合材料的方法是主要途径[38,39]。

211 型 MAX 相 Ti_2SnC 具有比 Ti_3SiC_2 和 Ti_3AlC_2 更高的电导率,而力学性能则比较接近,尤其是近年来高纯度 211 型 MAX 陶瓷制备工艺取得了较大的突破,因此,Ti_2SnC 也被采用作为铜基复合材料的增强体,以改善材料的电学性能。Ti_2SnC 颗粒对铜基体有显著的细化晶粒作用,引起位错塞积而产生强化。粉末冶金法制备的 20% Ti$_2$SnC/铜复合材料的屈服强度和拉伸强度分别达到 319 MPa 和 440 MPa,为同一工艺制备纯铜的 4 倍和 2 倍,而仍保持着较高的塑性(延伸率达到 12%)[40]。

7. 颗粒增强型高导热低膨胀铜基复合材料

将颗粒增强体与铜复合,在保持高导热性能的前提下获得合适的热膨胀系数,可满足电子封装领域所需综合物理性能要求,符合了当今电子封装领域朝高性能、低成本、小型化和集成化方向高速发展的需求。因此采用高体积分数的金刚石、SiC 和 Si 等高导热颗粒作为增强体来开发铜基复合材料备受关注。

(1)金刚石颗粒增强铜基复合材料

金刚石是自然界中硬度和导热性最高的材料,在常温下的热导率高达 2 200 W/(m · ℃),因此是作为铜基导热功能复合材料最为理想的增强体。

金刚石与铜的结合力较小,在复合材料中形成较大的界面热阻,影响材料热导率的提高。所以,金刚石/Cu 复合材料研发的重点问题是增大两相的结合力、形成好的界面结合,以减小界面热阻[41]。颗粒表面涂层处理和铜基体合金化则是改善复合材料界面结合力的两种重要手段。前者是在金刚石颗粒表面涂覆金属层(尤其是铜镀层)来提高界面结合力,它可使金刚石/Cu 复合材料的导热性增加近 3 倍;后者则是在铜基体中添加活性元素(例如 W,Ti,Cr 等)[42],以形成中间碳化物层,从而增强界面结合力和减小热阻。如果将上述两种方法结合起来,即同时对基体合金化以及金刚石增强体进行表面涂层预处理,则可取得更好的界面改性效果,达到热导率和热膨胀系数、力学性能等的良好匹配。研究还表明,增大金刚石颗粒的粒径有助于在复合材料中实现并联导热模型,在复合材料中形成了各相的三维连通,从而减少金刚石与铜基体之间的界面积,也可提高复合材料的导热性能。

(2)高体积分数 SiC/Cu 复合材料

由于 SiC 的热导率高(120 W/(m · ℃))、热膨胀系数低(5.4×10^{-6}/K)、密度小(3.2 g/cm^3),因此高体积分数 SiC 颗粒增强铜基复合材料不但具有高的热导率,而且热膨胀系数低、密度较小,因而被开发为轻质封装材料。SiC_p/Cu电子封装材料的热物理性能受到 SiC 颗粒尺寸、含量及形态等因素的影响,如图 2.17 所示。SiC_p/Cu 电子封装材料的热导率和热膨胀系数均随着 SiC 颗粒含量的增加而显著下降。研究发现,SiC 颗粒尺寸对复合材料热导率的影响较小,而对热膨胀系数有较大的影响,尤其是当颗粒尺寸较大时,影响更加显著,例如 SiC 颗粒尺寸为 63 μm 时复合材料的热膨胀系数明显高于颗粒尺寸为 20 μm 左右的复合材料[43]。

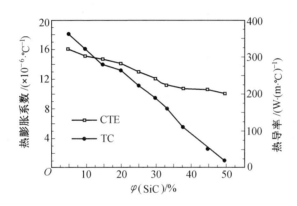

图 2.17　SiC 含量对 SiC/Cu 热膨胀系数和热导率的影响[9]

(3)Si/Cu 复合材料

Si 的热导率(135 W/(m·℃))比 SiC 更高,而热膨胀系数(4.1×10^{-6}/℃)和密度(2.3 g/cm^3)则比 SiC 陶瓷低,因此采用 Si 颗粒来增强铜基复合材料可具有陶瓷/Cu 复合材料的各项优点,而且加工性能更好,通过调整 Si 颗粒的含量可获得良好的热传导性和膨胀系数的匹配,从而在电子封装领域有着很好的应用前景。然而,该复合材料体系的主要问题是 Cu 和 Si 之间容易发生反应,制备困难,限制了应用。

如图 2.18 和图 2.19 所示,通过热压工艺(500 ℃,400 MPa,10 min 保压)制备的 Si 体积分数为 50% ,60% ,70% 和 80% 的 Si/Cu 复合材料的热导率分别达到 47 W/(m·℃),35 W/(m·℃),14 W/(m·℃)和 10 W/(m·℃),而热膨胀系数则分别为 15.2×10^{-6}/℃ ,14.0×10^{-6}/℃ ,10.1×10^{-6}/℃ 和 8.5×10^{-6}/℃[44]。

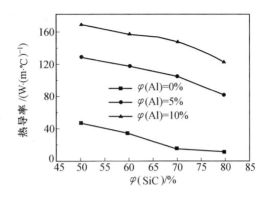

图 2.18　Si 含量及 Al 加入量对 Si/Cu 复合材料热导率的影响

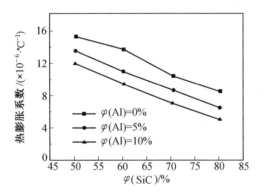

图 2.19　Si 含量及 Al 加入量对 Si/Cu 复合材料热膨胀系数的影响

然而,由于 Cu 和 Si 之间发生反应,往往会导致铜基体的导热性能有很大损失,造成其实验值与根据混合法则计算得到的理想值有较大的差距。例如,根据混合法则,当热膨胀系数小于 $10 \times 10^{-6}/℃$ 时,Si/Cu 复合材料的热导率应该大于 250 W/(m·℃) (图 2.20),而实验值却比这低得多。由于 Cu 在 Si 中有很高的扩散率,可形成 Cu-Si 固溶体和多种化合物生成,因此可设计各种有效的扩散阻挡层来抑制 Cu-Si 界面反应,以保持铜基体的高导热性(如图 2.18、2.19 通过添加 Al 来抑制界面反应和提高复合材料的热导率)。

8. 混杂颗粒增强铜基复合材料

混杂增强复合材料是将两种或两种以上的组成和形态不同的连续纤维、短纤维、晶须和颗粒,按照所需的配比,以特定的分布方式作为增强体,

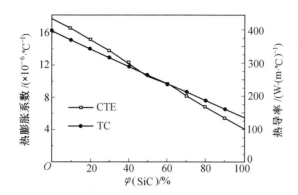

图 2.20　根据混合法则得到的 Si/Cu 复合材料在理想条件下热膨胀系数和
热导率随 Si 含量的变化曲线

与基体复合而成的材料。混杂的目的是发挥不同组元的各自的增强效果和功能特性,达到同时实现多种增强效果的目的。例如,采用连续长纤维和颗粒增强体混杂增强金属基体,可有效地减少因纤维分布不均匀所造成的应力集中现象,明显地改善复合材料的性能。以 SiC 颗粒与连续碳纤维混杂增强的铝基复合材料,其抗拉强度提高 20% 以上。对于铜基复合材料,往往要在带电的滑动摩擦领域应用,为此需要同时获得较高的强度、导电导热性能、耐磨性,又要有较低的滑动摩擦系数,且对配偶材料的磨损很小。因此,采用硬质陶瓷颗粒和自润滑颗粒作为混杂增强体,通过控制两者的搭配比例及其与铜基体的界面结合,可获得上述所需的综合性能。

作者与合作者设计并制备了 SiC 和石墨(Gr)颗粒混杂增强铜基复合材料,研究了其干摩擦磨损行为,分析了材料的磨损破坏机制,探讨了 SiC 和 Gr 两种组元对提高复合材料摩擦磨损性能的协同作用[45~47]。

复合材料采用粉末冶金法制备,基体原料为粒度小于 48 μm、纯度高于 99.7% 的电解铜粉,增强体 SiC 颗粒平均尺寸为 14 μm,所用的粒状人造石墨平均尺寸为 43 μm。当 SiC 体积分数为 10% 时,分别按 0%,3%,7% 及 10% 比例的石墨与铜粉混合作为原料。为研究 SiC 含量对摩擦磨损性能的影响还配制了 Gr 体积分数为 8%,SiC 为 10% 和 15% 的混合粉末。将粉末混合均匀后在 150 MPa 下冷压成坯,然后在 820 ℃ 的分解氨气氛中烧结 3 h,最后将烧结坯在 820 ℃,180 MPa 的条件下热压 15 min。干摩擦试验在 MM-200 型磨损试验机上进行,对摩钢环为 GCr15,硬度62.2HRC,滑动速度为 0.42 m/s,载荷为 20~110 N,滑动距离为 2 103 m。

图 2.21(a)为不同载荷条件下混杂增强分会场的磨损率随 Gr 含量的变化曲线。可以发现,在低载荷下(20 N 和 50 N),复合材料的磨损率随着 Gr 含量的增加而降低;而在 110 N 时,提高 Gr 含量,复合材料的磨损率降低并不明显,且 Gr 的体积分数为 10% 时,磨损率反而有所增加。这一结果说明,Gr 对混杂增强复合材料耐磨性的影响规律受实验条件和石墨含量两个内外因素的影响。图 2.21(b)为石墨含量对偶件磨损率的影响。可以看出,与 SiC/Cu 复合材料相比,加入石墨可显著降低不同载荷条件下对偶件的磨损,说明混杂增强复合材料有利于延长摩擦副的工作寿命。当载荷较低时,增加石墨含量可明显地降低偶件磨损,当在 110 N 时,高的石墨含量反而会使偶件的磨损加剧,这与复合材料本身磨损率的变化规律相似。

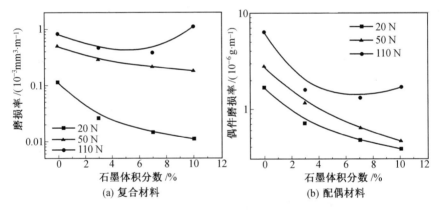

图 2.21 SiC 和 Gr 颗粒混杂增强铜基复合材料与配偶材料的磨损率-石墨含量关系曲线

复合材料在不同载荷下的摩擦系数见表2.8。添加 3% 的石墨即可明显降低摩擦系数,且在低载荷条件时,随着石墨含量增加,减摩效果更加明显。然而,在 110 N 时,石墨含量为 3% 和 7% 的两种混杂增强复合材料摩擦系数相当,而 10% 石墨混杂增强复合材料的摩擦系数值则很高,达到 0.523,与 SiC 单一增强的复合材料接近。结合前面的磨损率实验结果可以看出,石墨对混杂增强铜基复合材料摩擦磨损性能的影响与载荷大小有关。低载荷时,加入石墨赋予了复合材料良好的耐磨、减摩特性;而高载荷时,过高的石墨含量反而会使摩擦性能恶化。

表 2.8 SiC 和 Gr 颗粒混杂增强铜基复合材料在不同载荷下的滑动摩擦系数

负载/N	石墨体积分数/%			
	0	3	7	10
20	0.498	0.358	0.343	0.311
50	0.510	0.346	0.341	0.337
110	0.542	0.343	0.342	0.523

表 2.9 为石墨含量不变,改变 SiC 含量时混杂增强铜基复合材料的摩擦磨损性能。可见,增加 SiC 含量可使混杂增强复合材料的耐磨性进一步提高,摩擦系数与偶件磨损却有所增加,但与 SiC 单一增强铜基复合材料相比,仍具有较低的值。

表 2.9 不同 SiC 含量的混杂增强铜基复合材料的摩擦磨损性能 (40 N, 0.42 m/s)

SiC 体积分数/%	Gr 体积分数/%	磨损率/$(\times 10^{-4} mm^3 \cdot m^{-1})$	摩擦系数	偶件磨损率/$(\times 10^{-6} g \cdot m^{-1})$
10	8	2.9	0.39	0.96
15	8	2.3	0.42	1.12

图 2.22 为 50 N 时混杂增强铜基复合材料与 SiC 单一增强铜基复合材料的典型磨损表面形貌。SiC/Cu 复合材料的磨损表面由宽的犁沟形状不规则的剥落坑以及分别在它们之间的 MML 层所组成 (图 2.22 (a)),混杂增强复合材料的磨痕在宏观观察下为有黑色光泽的光滑表面,SEM 观察则发现其表面为平滑的转移膜所覆盖,有少量细小且不连续的沟槽沿着相对滑动方向分布 (图 2.22 (b))。对比该载荷时混杂复合材料与 SiC/Cu 复合材料 MML 的 EDAX 结果,发现随着 Gr 含量增加 Fe 和 O 含量有所降低,而 C 含量则明显增加。这一结果表明 Gr 的加入不但减少了偶件的磨损率,同时也降低了对摩面间的颗粒在机械混合过程的氧化,而高含量的 C 则意味着摩擦表面层中富含减摩功能良好的 Gr 微粒。

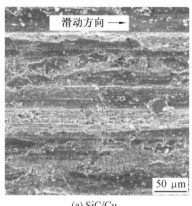
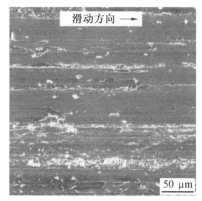

(a) SiC/Cu　　　　　　　　　　(b) (SiC10%+Gr7%)/Cu

图 2.22　50 N 载荷时铜基复合材料的磨损表面形貌比较

　　由于(10% SiC+10% Gr)/Cu 复合材料在载荷变化时表现出不同的摩擦磨损性能,为此比较了该材料在三个载荷下磨损表面形貌(图 2.23),来研究其摩擦磨损机理。20 N 时磨损表面被由较松散颗粒所组成的白色薄层所覆盖,能谱分析结果表明这些颗粒主要成分为 C;50 N 时的磨损表面形貌与 7% Gr 的混杂增强复合材料类似,但与 20 N 时的磨损表面相比更加致密,为光滑的平面状,同时 Fe 含量也稍高,110 N 的磨损表面上有大量不平整的沟槽和凹坑,在某些区域分布有不连续的白色块状物。EDAX 分析发现它主要含 C 和 Fe,可见在这一载荷下混杂复合材料的磨损表层发生了严重的塑性变形和断裂磨损,表面含 Fe 说明偶件表面受到复合材料的刮擦。

　　对(10% SiC+7% Gr)/Cu 复合材料在 50 N 时的磨损表面进行场发射电镜观察,发现平行于相对滑动方向分布着尺寸为 10 nm 左右的 Gr 微粒(图2.24),可见混杂增强复合材料 MML 的最表层富含 Gr 微晶颗粒,是使其具有良好耐磨减摩性能的原因。

　　图 2.25 的磨损剖面 SEM 照片清楚地反映了混杂增强复合材料近表层区域的变化情况。磨损表面的最上端为一层连续分布的 MML,亚表层区中的一颗 Gr 颗粒已发生变形沿着摩擦方向被拉长。由于石墨结构为六方晶体,层与层之间由共价键相连接,结合较弱。因此,当复合材料亚表层在偶件摩擦作用下发生塑性变形时,Gr 颗粒将随着周围基体的变形而发

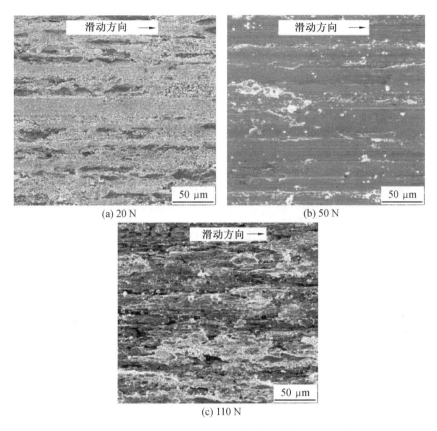

图 2.23 （10% SiC+10% Gr）/Cu 复合材料在不同载荷下的磨损表面

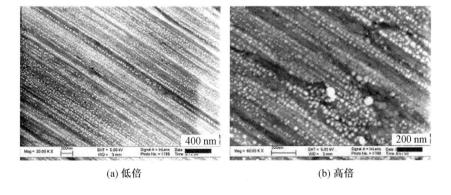

图 2.24 （10% SiC+7% Gr）/Cu 复合材料 50N 时磨损表面的场发射电镜观察

生取向的变化。各层间发生相对滑动使之被逐渐拉长,因此不断变形的基体将把临近对摩面的 Gr 颗粒挤出到表面上,并通过偶件的摩擦作用逐层涂抹于磨损表面上。在此过程中,偶件刮擦造成的复合材料磨损可使 Gr 微粒与表层材料一起脱落成为磨屑,并一起参与后面的机械混合过程。由于在钢偶件表面的黏着强度 Gr 比其他成分的磨屑颗粒更大,因此它被推出对摩区域的机会更小,因此被牢固地涂抹于钢环表面形成比较均匀的 Gr 层,使对摩面间形成富 Gr 的 MML 层。在钢偶件表面和复合材料 MML 表面间 Gr 不断地转移和反转移使得 MML 表面的 Gr 含量始终维持较高的值,这有利于其固体润滑作用的发挥。

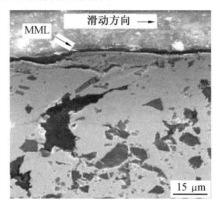

图 2.25　石墨体积分数为 7% 的混杂增强铜基
复合材料在 50 N 时的亚表层特征

图 2.26 给出了 50 N 时不同石墨含量的复合材料的接触面附近的平均温度随相对滑动距离的变化曲线。与 SiC 单一增强复合材料相比,混杂增强复合材料的摩擦表面温度更低,且随着石墨含量增加,这一现象更加明显。这说明在摩擦过程中,两接触表面上石墨的涂覆作用减小了铜微凸体与偶件的局部焊合与黏着,减轻了复合材料亚表层的塑性变形,因此更有利于机械混合过程形成稳定的富石墨 MML,即增加石墨含量可增加 MML 的稳定性。富石墨 MML 隔离了两对摩面的接触,有利于摩擦副寿命的延长。同时,低载荷下混杂复合材料的磨损表面比较平滑(图 2.23(a)、(b)),大的犁沟和剥落坑较少,减少了机械混合过程中容纳磨屑的场所,有利于磨屑颗粒从对摩区域排出,从而减少了三体磨损机制对摩擦副两个

表面的破坏。

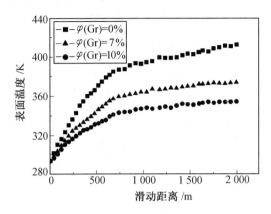

图 2.26　50 N 时铜基复合材料磨损表面温度随
滑动距离的变化曲线

图 2.27 为 40 N 时两种 SiC 含量的混杂复合材料的磨损剖面形貌。可见,10% SiC 的复合材料亚表层中的石墨颗粒已被显著拉长而发生严重的变形(图 2.27(a)),而 15% SiC 混杂复合材料的亚表层石墨颗粒变形量适中,在磨损表面较均匀地扩张开来(图 2.27(b))。增加 SiC 含量所带来的基底稳定性提高也有利于摩擦磨损过程中对摩区域的机械混合过程,提高了表面富石墨 MML 的稳定性,对对摩双方起保护作用。另外 SiC 颗粒还提高了复合材料表面的宏观硬度,减少了偶件表面微突体的犁入和显微切削,从而也改善了耐磨性。因此,在混杂增强铜基复合材料的干摩擦过程中,SiC 颗粒对基体的增强作用保护了亚表层,使 Gr 能有效发挥其固体润滑作用;而 Gr 颗粒则可在两对摩面间形成局部的固体润滑自接触形式,减少了 SiC 颗粒对偶件的摩擦和磨损,保护了偶件,使磨损过程更加平稳。正是以上的 SiC 与 Gr 间的协同作用机制使混杂增强铜基复合材料具有优异的干摩擦磨损特性。

研究还发现,添加 Gr 能改善混杂增强复合材料摩擦磨损性能受到正载荷大小的影响。高载荷时,复合材料亚表层的变形量显著增加,使得层间剪切强度较低的 Gr 颗粒会随着周围基体的变形而发生取向的改变并随着亚表层基体的塑性流动而被拉长。随着亚表层变形增加,过度变形的 Gr 颗粒内部发生微裂纹扩展而断裂,或是 Gr 与 Cu 基体间的界面局部脱

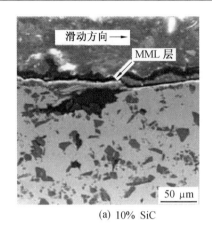

(a) 10% SiC　　　　　　　　　　(b) 15% SiC

图 2.27　两种 SiC 含量的混杂增强铜基复合材料的磨损剖面形貌(40 N)

粘使得亚表层裂纹逐渐连接长大,使得近表层区域的材料发生剥层脱落。由于在摩擦表面形成稳定的富石墨 MML 层是材料具有良好减摩特性的前提条件,因此可通过增加 SiC 颗粒含量来减少亚表层变形量,或是改善颗粒 SiC 和 Gr 与铜基体的界面结合两个途径来保证高载荷下 Gr 颗粒的适量变形,从而在两对摩面间均匀涂抹发挥其固体润滑作用。

2.2　短纤维增强铜基复合材料

与连续纤维相比短纤维的纵、横向性能差别相对较小,在二轴或三轴应力状态下应用时,短纤维增强复合材料有更强的各向同性性能,因此受到人们的重视。短纤维增强铜基复合材料可采用粉末冶金法、挤压铸造法、真空压力浸渍法等工艺来制备,生产成本比连续纤维增强铜基复合材料低,而且成形简单、零件设计更加灵活,适用于工业化生产。而与颗粒增强铜基复合材料相比,它的承载能力更强,因此在一些领域有着不可替代的作用。

金属基复合材料通常采用碳、氧化铝、硅酸铝、碳化硅、氮化硼等短纤维作为增强体,而目前铜基复合材料最常用的短纤维增强体是短碳纤维。短碳纤维增强铜基复合材料综合了碳纤维的高比强度、高比模量、低热膨胀系数、优良的自润滑、导电、导热性能,以及铜基体导电导热性能好的优点,是电子封装材料、电接触材料、热交换材料等领域中很有前途的功能材料。

短碳纤维与铜基体的结合及其分布是该复合材料制备需要重点解决的两个问题。由于铜与碳纤维之间浸润性差且在高温下既不互溶又不反应,为此需要对碳纤维进行表面改性(主要是短碳纤维的表面金属化),以提高复合材料的界面结合。此外,短碳纤维增强铜基复合材料的制备工艺要能保证短碳纤维在加入铜基体过程中没有机械损伤,而且在基体中分布均匀。粉末冶金法可以较好地满足上述要求,因此成为制备该类复合材料最常用的方法。它可以一次成型复合材料,减少了后续的机械加工,比熔铸法和扩散连结法具有更高的可操作性和经济性。其中冷压-烧结以及热压两种工艺是合成短碳纤增强铜基复合材料较成熟的工艺。

冷压-烧结法工艺操作简单容易控制,可大规模生产形状复杂的短纤维增强铜基复合材料制品,是当前最常采用的工艺。需要控制的主要参数包括压制压力、烧结温度、保温时间等。烧结温度过高会使短碳纤维表面被铜层球化,削弱了碳纤维与铜的结合力;烧结温度过低则会使碳纤维与铜粉不能很好结合,影响烧结效果。过大的压制压力容易造成碳纤维断裂,使其起不到降低膨胀系数、改善性能的作用;过低的压制压力会影响两种短碳纤维与铜之间的结合和后续的烧结效果,短碳纤维的增强作用得不到发挥。因此,合理地选择和优化各项制备工艺参数是该复合材料生产的重要前提。

为了改善短碳纤维与铜基体之间的相容性,需要对碳纤维进行电镀、化学镀、气相沉积、热喷涂等预处理,以增强复合材料的界面结合力。例如,在碳纤维表面上电镀连续均匀的铜层,再将镀铜碳纤维切割成短的纤维段,并与铜粉进行湿混获得均匀的分布。然后压制和烧结形成复合材料坯料,再通过复压-复烧工艺来改善复合材料的组织和性能。

为了进一步满足使用条件对优良的导电性和耐磨性的要求,近年来还采用冷压烧结工艺合成了以短碳纤维与镀铜石墨混杂增强的铜基复合材料[48]。他们采用单丝直径为 7 μm 的 HT 型碳纤维和粒度小于 30 μm 的铜粉和石墨粉作为原料,对碳纤维采用焦磷酸铜法进行连续电镀铜处理,以改善碳纤维和石墨与铜基体的浸润性;石墨粉则采用化学镀铜法来进行表面处理,镀铜石墨粉中镀铜层与石墨的质量比控制为 1:1。将镀铜长碳纤维切割成长度约为 1.0 mm 的短碳纤维,然后将铜粉、镀铜石墨粉和镀铜短碳纤维按预定的成分配制,混合均匀后在 200 MPa 的压制压力下冷压成型,然后在 (760±10)℃ 烧结后制成镀铜碳纤维与镀铜石墨混杂增强铜基复合材料。研究发现,加入 0.3% 的镀铜短碳纤维可进一步改善复合材料的硬度、抗弯强度、导电性和耐磨性,具有比普通的石墨/铜复合材料更为优异的综合性能,因此可作为高转速、大电流、小体积化电机的新型电刷材料。

热压法也是短碳纤维增强铜基复合材料较常用的制备工艺,它是将一定粒度(或长径比)的镀铜短碳纤维与铜粉按照所需的比例混合后装入模腔内,在加压的同时升高温度至所需值,从而在较短时间内获得均匀致密材料的方法。由于热压工艺将成型和烧结两个过程结合起来同时进行,属于活化烧结,因此可在很低的压力下迅速地获得高致密度材料,可有效地减轻短碳纤维的损伤和保证组元的均匀分布,很适合于制备短碳纤维增强铜基复合材料及其零部件。

碳纤维的体积分数、长径比、表面处理工艺和复合材料制备工艺等因素对短碳纤维增强铜基复合材料的力学性能有较大的影响,其中合成方法的影响通过获得不同的复合材料微观组织和界面形态来实现。

由于碳纤维与 Cu 的界面为机械结合方式,尤其是短切的镀铜碳纤维的端头没有铜镀层,而是直接与铜基体接触,形成了弱界面结合,在外力作用下纤维端头与铜基体的界面处存在最大剪切应力,该处成为弯曲试验中首先发生脱粘的部位。因此增加铜基复合材料中短碳纤维的体积分数使得弱界面比例更高,脱粘现象越严重,使得复合材料的抗拉强度下降,与理论值有一定的差距[49]。短碳纤维的表面处理工艺直接影响铜基复合材料的界面结合强度,使其在不同的受力状态下有不同的断裂机制,对力学性能的影响很明显。由于采用不同的碳纤维表面处理工艺(例如化学镀和电镀)所制备的铜基复合材料的界面强度不同,所获得的力学性能也不同。因此,短碳纤维-铜的界面优化是该类复合材料研究的重点。目前,除了碳纤维表面镀铜处理之外,也可对铜基体进行合金化(例如加入 Ni 和 Fe 等合金元素)处理以改善界面区域的成分和结构。

碳纤维的长度是影响铜基复合材料力学性能的另一个重要内在因素。由于短碳纤维在铜基体中的不均匀分布会导致复合材料微区力学性能的不均匀性,从而引起材料的低应力破坏。增大短碳纤维的长度就意味着缩短了复合材料中碳纤维之间的间距,同时使纤维分布的不均匀性增加,加剧微区力学性能的不均匀性,因此这些不均匀区域会在复合材料受载时首先发生开裂,降低复合材料的承载能力。对于同样体积分数的短碳纤维增强铜基复合材料,较短的碳纤维增强铜基复合材料的显微硬度比长度更大的短碳纤维/铜复合材料具有更高的显微硬度[50]。

吴渝英等[51]研究了短碳纤维的体积分数、分布和取向对铜基复合材料冲击性能的影响,发现复合材料的冲击值受短碳纤维的分布和取向影响较大。当短纤维垂直于断口方向排列时复合材料的冲击值比较高;工艺上要采取措施避免短纤维的集聚,因为短纤维的集聚对复合材料的冲击非常大。

在铜基体中加入短碳纤维会导致材料导电和导热性能的下降,但如果合理控制短碳纤维的体积分数、分布及与铜基体的界面结合强度,则可使复合材料的传导性仍保持在较高的水平。

短碳纤维增强铜基复合材料导热性能受到两方面因素的影响,即不同组元导热机理的差异以及界面。由于铜主要依靠自由电子来导热,而碳纤维则依靠晶格振动(其能量是声子)来传递热量,前者的导热能力远高于后者,因此短碳纤维含量的增加会导致复合材料的导热性能下降。另一方面,在铜基体中引入短碳纤维使得复合材料内部的界面积增加,因此增加了对自由电子和声子的散射,从而降低了材料的导热性能。由于沿着碳纤维的纤维方向的导热能力比垂直于纤维方向的高很多,因此增加短碳纤维的长度可使沿纤维方向的导热能力得到充分发挥,从而抵消了由于增强体的加入而形成的各种热阻对基体导热性能的影响,更好地发挥了铜基体的导热性能。也就是说,采用较长的短碳纤维可增大铜基复合材料的导热性。与铜的热导率随着温度升高而减小不同,碳纤维的纵向、横向热导率均随温度升高而增大,由于复合材料的导热性能主要受到铜基体的影响,因此短碳纤维无序分布的铜基复合材料热导率随温度升高而略有下降[52]。此外,碳纤维的分布也对复合材料的热导率有较大的影响,与双向正交和涡卷状分布铜基复合材料相比,短碳纤维无序分布的铜基复合材料的导热性能更好。

作为重要的滑动电接触材料,短碳纤维增强铜基复合材料的摩擦磨损性能是材料设计的重要考虑因素。研究表明,采用传统粉末冶金工艺制备的短碳纤维增强铜基复合材料的耐磨性能明显优于相应的铜基体材料,而且随着碳纤维含量的增加复合材料的耐磨性能进一步提高[53]。碳纤维具有类似石墨的层片状结构,因此在磨损过程中起固体润滑剂的作用,同时它的热导率明显高于铜,有利于限制复合材料铜基体的变形与软化,这些均有利于提高复合材料的耐磨性能和降低摩擦系数[54,55]。

短碳纤维的长度、含量和表面处理等均对复合材料的摩擦磨损性能有影响。常规涂覆工艺对于短碳纤维端部的涂覆效果比较差,容易在端部形成弱压而成为磨损过程中的缺陷区,较易发生局部的磨损。随着短碳纤维含量增加,弱压区越多,降低了复合材料强度,从而增大了磨损量。而适当采用长度较大的短碳纤维有助于减少弱压区的体积,改善耐磨性。因此,需要综合考虑使用环境对材料性能的要求,以选择适当的碳纤维长度或体积分数来保证铜基复合材料具有良好的摩擦性能。

2.3　铜基纳米复合材料

纳米复合材料的概念是 20 世纪 80 年代提出来的[56],它由两种或两种以上的不同材料组成,其中至少有一相在一个维度上呈纳米级大小。根据复合组元的尺度不同,主要分为"0-0 型"复合材料、"0-2 型"复合材料,以及"0-3 型"复合材料。其中"0-0 型"复合材料是指将不同的成分、不同的相或者不同种类的纳米粒子复合而成的纳米固体,然而由于纳米相的热力学不稳定性,所以在制备大块纳米复合材料时容易发生晶粒长大的现象,在块体材料的合成上仍十分困难,目前离实用化仍较远;"0-2 型"复合材料是把纳米粒子分散到二维的薄膜材料中;而"0-3型"复合材料则是将纳米粒子分散到常规的三维固体中,采用纳米陶瓷粒子分散到金属基体中则是常见的形式。此外,采用纳米碳管、纳米晶须等一维的纳米相来增强金属基体可显著提高材料的力学、物理和化学性能,成为近年来备受关注的新型纳米复合材料。

纳米相增强铜基复合材料是当前采用不同工艺方法制备的纳米复合材料中研究得较多的种类之一,其室温和高温力学性能显著高于普通的铜合金[57,58]。纳米相增强铜基复合材料的制备工艺有很多,主要包括机械合金化法、粉末冶金法、大塑性变形法、原位反应合成法和内氧化法等,其中粉末冶金法工艺成熟,制备的材料性能较好,复合材料的界面反应少,纳米增强体含量可根据需要灵活地进行调节。因此该复合材料具有组织致密、增强体分布均匀、生产成本较低等优点。例如,采用粉末冶金法制备的纳米 SiO_2 颗粒、纳米 SiC 晶须和纳米碳管等纳米相增强铜基复合材料都有较高的硬度,其中尤以纳米 SiC 晶须的增强作用最为明显;而纳米碳管增强铜基复合材料的耐磨减摩效果最好[59]。纳米碳管/Cu 复合材料由于具有高的硬度和优良的摩擦磨损性能,是一种综合性能良好的功能复合材料。

2.3.1 纳米碳管增强铜基复合材料

纳米碳管是具有特殊结构的一维材料,其径向尺寸为纳米量级,轴向尺寸为微米量级。它由层状中空结构组成,层片之间存在一定的夹角(间距约为 0.34 nm),管身为由六边形碳环微结构单元组成的准圆管结构(直径一般为 2~20 nm),端帽部分为含五边形碳环组成的多边形结构。呈六边形排列的碳原子构成数层到数十层的同轴圆管,组成纳米碳管。

纳米碳管是当前已知的强度和刚度最高的一种材料,它的密度只有钢的 1/6,而强度却为钢的 100 倍,并有优良的韧性,因此是理想的一维纳米增强增韧材料。此外,纳米碳管具有耐热、耐腐蚀、传热和导热性好、高温强度高、自润滑性优良等独特的性能,因此是制备金属、陶瓷或树脂基功能复合材料的理想增强体。

由于纳米碳管与金属相比其密度较小,在金属基体中容易出现偏析,而且它的比表面能高,比表面积大,团聚现象很严重,与大多数的金属基体之间的润湿性较差,因此很难采用传统的复合方法使其在金属基体中均匀分布。为此,需要对纳米碳管进行表面涂覆处理(通常是采用金属涂层)来改善它与金属基体的结合。首先要对纳米碳管进行表面改性,改善它在水溶液中的亲水性和分散性,并用溶液法使纳米金属颗粒与纳米碳管共沉积,获得复合粉体,再以通过粉末冶金法制备出组织均匀、界面结合良好的金属基复合材料。

采用复合镀可以制备多种金属及合金的纳米碳管复合镀层,而且通过控制工艺条件和镀液成分还可制备不同微结构,例如非晶态和纳米晶等的金属基纳米碳管复合镀层。复合镀层的厚度则可通过控制电沉积的时间很方便地实现。采用复合镀法制备纳米碳管增强铜基复合材料的温度一般低于 100 ℃,避免了传统的高温合成工艺容易产生脆性界面的问题,因此复合镀是较为理想的制备纳米碳管增强铜基复合材料的工艺方法。

采用多壁纳米碳管(长度为 2 ~ 10 μm,直径为 15 ~ 20 nm,密度为 2.0 g/cm³)作为增强体(图 2.28(a)),为了改善其分散性,首先将其置于有机液体中球磨 8 h,然后采用化学镀镍工艺在其表面涂覆镍层。图 2.28 (b)为浸镀 15 min 之后的纳米碳管的形貌。然后按照纳米碳管体积分数为 0%,4%,8%,12%,16% 的比例与纯度超过 99.5%、平均尺寸为 70 μm

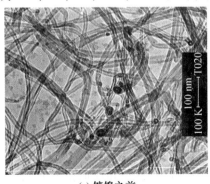 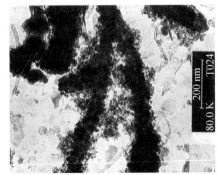

(a) 镀镍之前　　　　　　　　　　(b) 化学镀镍后

图 2.28　纳米碳管的 TEM 图像

的铜粉配制,球磨 30 min,再用热等静压工艺将混合粉末在 100 ℃,600 MPa的压力条件下压制 10 min 以合成复合材料。结果表明,纳米碳管显著地提高了材料的硬度(纳米碳管含量为 16% 的复合材料硬度为 19.8 HRB,远高于铜基体的 10 HRB)。在中低载荷下进行摩擦磨损试验表明,纳米碳管显著地提高了铜基复合材料的耐磨性能,材料的减摩特性也很好(图 2.29)。但是在高载荷下,由于纳米碳管与铜基体的界面将发生开裂,再加上该工艺制备的复合材料的孔隙率较高,会引起复合材料的层片状剥落,使得耐磨性能反而下降[60,61]。由此可见,解决铜基体与纳米碳管的界面结合及后者的分布问题是该复合材料的摩擦磨损性能得以实质性提高的关键。

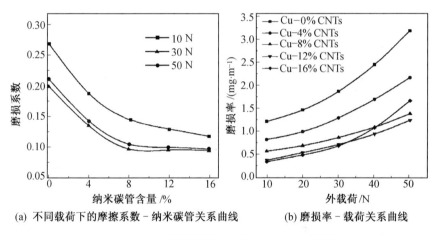

(a) 不同载荷下的摩擦系数－纳米碳管关系曲线　　(b) 磨损率－载荷关系曲线

图 2.29　纳米碳管增强铜基复合材料的摩擦磨损性能

北京科技大学开发了"高速气流冲击式颗粒复合(PCS)"结合 SPS 法快速烧结的工艺制备了纳米碳管增强铜基复合材料,获得的致密度超过 97%[62]。与传统机械混合工艺制备复合粉末相比,该颗粒复合法是在高速运动的转子产生的高速气流的作用下携带颗粒做高速运动,在强冲击力以及颗粒间相互作用的摩擦、压缩、剪切、撞击等多种力的作用下,可在短时间内使子颗粒牢牢地黏附于母颗粒之上形成复合颗粒,且能够在复合化的同时完成对复合颗粒的球形化,能同时进行复合化和球形化处理,适用于以无机物、有机物、金属材料为基体的复合材料的制备,克服了粉末形状不规则、成形性能不好、制品性能不高等不足。通过该法制备的复合粉中纳米碳管包覆于微米 Cu 颗粒上或镶嵌于 Cu 粉颗粒之间,这解决了以往复合材料制备中的两相均匀分布的难点。经 SPS 法快速烧结,纳米碳管在铜基体中呈连通的网状结构,使复合材料有很高的致密度。延长 PCS 处理时间可获得粒度更小的复合粉末,在超过 40 min 以后,复合粉末的粒径基本不随时间的延长而发生变化。纳米碳管含量为 2% 的复合材料硬度比纯铜提高 30% 左右,比普通混粉工艺制备的同一复合材料提高了20% ~ 26%。

2.3.2　晶须增强铜基复合材料

晶须是一种有较大长径比的单晶体,直径从 0.1 μm 至几个微米,长度一般为数十至数千微米。由于内部的微观缺陷很少,其拉伸强度接近纯晶体的理论强度。常用作复合材料增强体的晶须有 SiC,Si_3N_4,$Al_2O_3 \cdot B_2O_3$,$K_2O \cdot 6TiO_2$,TiB_2,TiC,ZnO 等。晶须增强复合材料具有高的强度、模量、横向力学性能,良好的高温性能、导热性、导电性、耐磨性、阻尼性等,而且热膨胀系数小、尺寸稳定性好。

SiC 晶须的性能价格比很高,抗高温性能和强度优异,而且与大多数金属不发生反应,用其作为增强体,可望获得高硬度、高韧性、高耐磨性、耐高温、抗高温蠕变和低热膨胀系数的铜基复合材料[63]。Yih 等人[64]对比了采用 SiC 晶须与铜粉直接进行机械混合以及采用化学镀结合电镀法先将 SiC 晶须包覆铜层再合成的两种方法对于铜基复合材料显微组织与性能的影响。后一种工艺是将包覆了铜层的 SiC 晶须首先在 300 ℃ 的氢气中进行还原处理 60 min,然后在 155 MPa 的压力下冷压成型,再在氮气中热压烧结。研究发现,当 SiC 晶须的体积分数低于 15% 时,两种工艺制备的复合材料具有相同的微观组织和比较接近的性能,碳化硅晶须在铜基体中分布均匀,复合材料的致密度很高。而在高体积分数时(例如超过 33%),采用传统直接混合法制备的复合材料的致密度和导电导热性较差,力学性能也更低,只有热膨胀系数比较接近。这一结果说明,对于 SiC 晶须–Cu 这一润湿性较差的体系,采用包覆铜层的方法可提高晶须在铜基体中的体积分数,从而显著改善复合材料烧结材料的综合性能。

此外,国内外还有关于 TiC 晶须、酒石酸钛晶须增强铜基复合材料的报道,主要集中在材料的合成工艺方面[65,66]。

2.4 非连续增强铜基复合材料的制备方法

2.4.1 粉末冶金法

粉末冶金法是目前制备非连续铜基复合材料的最重要的方法之一。由于基体铜和目前大部分增强体之间的润湿性较差,密度差较大,采用液态法制备容易导致增强体的聚集,造成增强体和界面结合不佳以及分布不均匀等问题。粉末冶金法可以按所需比例将铜粉末和非连续增强体混合均匀,因此可以较好地解决增强体的分布问题。如果与非连续增强体的涂层工艺结合起来,则还能进行界面优化。

该工艺制备铜基复合材料的主要过程包括:制取复合(混合)粉末、复合(混合)粉末成型、烧结、后续的工艺(复压复烧、热挤压等)。首先将一定粒度的铜粉与增强物按所需的含量进行配比,通过机械混合在干混或湿混的条件下制得增强物均匀分布的混合粉末,然后利用冷压-烧结-复压,或热压、热等静压等方法制得致密的铜基复合材料。当增强物的体积分数较高或是组元间结合力较小时,往往还要非连续增强体的表面包覆 Cu,Ni 等金属层,再与铜粉混合均匀,并采用前面叙述的粉末冶金方法来制得复合材料。包覆金属层减少了非连续增强体与铜基体之间的密度差,而且表面的金属层还减少了增强物间的直接接触,促进了烧结,提高了复合材料的致密度。包覆不同的金属还可以改善界面结构,提高材料的综合性能。该工艺操作方便、成本较低,因而是目前铜基复合材料制备的一个重要研究方向。

2.4.2 机械合金化法

机械合金化是一种高能球磨技术,不同的粉末在高能球磨的作用下经变形、冷焊、破碎、再焊合、再破碎的反复过程,使复合颗粒不断地受到塑性变形而加工硬化并重新破碎,然后形成了多层结构的复合颗粒。粉末颗粒在强制力的作用下引入大量的应变和纳米级的微结构,同时粉末各层内又积蓄了大量空位、位错等缺陷。这些缺陷能使原子充分进行短程扩散,从而使粉末颗粒具有很高的晶格畸变能和表面能,因此可在新的微结构的表面上发生扩散和反应。这一过程使复合颗粒细化到纳米级粒度,具有很大的表面活性,激活能降低。由于机械合金化过程的热力学与动力学不同于普通的固态过程,因而有可能制备出常规条件下难以合成的许多新型材料。

机械合金化法不但能制备出采用熔炼方法可以得到的所有合金,而且对于熔炼难以合成的合金可以进行合金化,扩大了材料的成分和性能范围,该法制备的材料组织结构可控,突破了熔铸法和快速凝固法的局限性。该法制备的粉末系统的储能很高,有利于降低复合材料的成型致密化温度。采用机械合金化法已成功地制备了多种体系的铜基复合材料,获得较高的综合性能。然而,由于工艺复杂,目前还较难实现工业化生产,由于铜的高活性导致加工过程中非常容易氧化,在球磨的过程中容易带入杂质元素而降低复合材料的性能(特别是导电性能)。

2.4.3 真空搅拌铸造法

真空搅拌铸造法是将 WC,TaC,TiC,VC,NbC 等陶瓷颗粒用机械搅拌的方法,在真空下与纯铜液或铜合金固液混合体相混合,使颗粒均匀分散,同时铜凝固时出现的树枝状晶粒也被机械搅拌作用破碎,获得较细的微观组织。

搅拌铸造法按照搅拌温度的不同可分为液相法和液固两相法,前者又称为漩涡法,是利用机械搅拌使处于液态的金属表面产生漩涡,它的抽吸作用可将增强体卷入其中,逐渐分布均匀,凝固后形成复合材料。后者也被称为复合铸造法,它是利用了固相比例为 40% ~ 45% 的半固态金属液的触变性,在高剪应力作用下使其黏度迅速降低,因此可组织非连续增强体在半固态金属中发生起上浮、下沉及团聚。

该工艺对设备的要求较低、工艺简单,有利于发展成为工业化生产。它制备的非连续增强铜基复合材料中碳化物颗粒体积分数最高可接近50%,在复合材料铸锭中分散均匀;但是当增强体含量进一步增加时,会有局部偏聚成团的现象。

2.4.4 复合电铸技术

复合电铸技术是一种新型的金属基复合材料制备手段,是在电铸法的基础上发展起来的。普通的电铸法是指通过电沉积原理制造、修复以及复制金属制品,在涂有脱模剂的金属芯模或经导电化处理的非金属表面进行电沉积,然后将电铸金属层与芯模分离从而获得金属制品的一种方法。由于它具有材料性能可控、复制精度高、工艺简易性和应用范围广等优点而得到了迅速的发展和广泛的应用。该工艺目前包括单金属电铸、合金电铸和复合电铸等几种技术。复合电铸技术结合了复合电沉积原理和电铸技术的优势,可以一次性制备出整体结构金属基复合材料[67]。

目前,开发了以金属为基体,采用金刚石、氧化物、碳化物、氮化物等颗粒弥散强化的复合电铸层材料,在金属基金刚石磨具等制造业中得到了很好的应用。此外,采用电铸复合技术交替电沉积两种不同金属而获得的层状复合材料作为一种表面复合改性技术,可以弥补传统物理冶金方法存在的一些不足,其增强体分布均匀,制备温度低(低于100 ℃),可通过将材料的制备与成型同时进行的方式简化生产工艺,提高了生产率,目前已被采用来合成多种体系的铜基复合材料。不过,该法所制备的复合镀层厚度一般在几微米至几十微米的范围,因此主要应用于表面改性和修复工程。

参考文献

[1] Zhan Yongzhong, Zhang Guoding. Graphite and SiC hybrid particles reinforced copper composite and its tribological characteristic [J]. Journal of materials science letters, 2003, 22 (15): 1087–1089.

[2] NISHINO T, URAI S, OKAMOTO I, et al. Wetting and reaction

products formed at interface between SiC and Cu-Ti alloys [J]. Welding international, 1992, 6 (8): 600-605.

[3] Zhang Lin, Qu Xuanhui, Duan Bohua, et al. Preparation of SiC_p/Cu composites by Ti-activated pressureless infiltration [J]. Transactions of Nonferrous Metals Society of China, 2008, 18 (4): 872-878.

[4] LEE H K, LEE J Y. Decomposition and interfacial reaction in brazing of SiC by copper-based active alloys [J]. Journal of Materials Science Letters, 1992, 11 (9): 550-553.

[5] WANG Z G, WYNBLATT P. Study of a reaction at the solid $Cu/\alpha-SiC$ interface [J]. Journal of materials science, 1998, 33 (5): 1177-1181.

[6] 朱建华, 刘磊, 胡国华, 等. 复合电铸制备 Cu/SiC_p 复合材料 [J]. 中国有色金属学报, 2004, 14 (1): 84-87.

[7] 赵乃勤, 刘兆年, 苏芮, 等. 复合电沉积法制备 SiC_p/Cu 复合材料的工艺研究 [J]. 材料工程, 1995, 10: 23-25.

[8] Zhan Yongzhong, Zhang Guoding. The effect of interfacial modifying on the mechanical and wear properties of SiC_p/Cu composites [J]. Materials Letters, 2003, 57 (29): 4583-4591.

[9] YIH P, CHUNG D D L. Titanium diboride copper-matrix composites [J]. Journal of materialsscience, 1997, 32 (7): 1703-1709.

[10] BESTERCI M, IVAN J, KOVAC L, et al. Strain and fracture mechanism of Cu-TiC [J]. Materials Letters, 1999, 38 (4): 270-274.

[11] FROUMIN N, FRAGE N, POLAK M, et al. Wetting phenomena in the TiC/ (Cu-Al) system [J]. Acta materialia, 2000, 48 (7): 1435-1441.

[12] AKHTAR F, ASKARI S J, SHAH K A, et al. Microstructure, mechanical properties, electrical conductivity and wear behavior of high volume TiC reinforced Cu-matrix composites [J]. Materials

characterization, 2009, 60 (4): 327-336.

[13] 陈民芳, 赵乃勤, 李国俊. WC 对 Cu/WC$_p$ 复合材料性能及组织的影响 [J]. 兵器材料科学与工程, 1998, 21 (6): 22-26.

[14] 刘德宝, 崔春翔. 不同陶瓷颗粒增强 Cu 基复合材料的制备及导电性能 [J]. 功能材料, 2004, 35 (z1): 1064-1068.

[15] 赵乃勤, 李国俊, 王长巨, 等. 粉末冶金真空热压法制备 WC/Cu 复合电阻焊电极 [J]. 兵器材料科学与工程, 1997, 20 (3): 39-44.

[16] 凌云汉, 李江涛, 葛昌纯, 等. 梯度复合 B$_4$C/Cu 面向等离子体材料的制备与表征 [J]. 无机材料学报, 2001, 16 (6): 1121-1127.

[17] Zhan Yongzhong, Wang ying, Yu Zhengwen, et al. Electrical sliding wear property of Al$_2$O$_3$ particle reinforced Cu-Cr-Zr matrix composite [J]. Materials science and technology, 2007, 23 (7): 767-770.

[18] Zhan Yongzhong, Zeng Jianmin. Tribological Behavior of Al$_2$O$_3$/CuCrZr Composite [J]. Tribology Letters, 2005, 20 (2): 163-170.

[19] Zhan Yongzhong, Yu Zhengwen, Wang Ying, et al. Cu-Cr-Zr Alloy Matrix Composite Prepared by Powder Metallurgy Method [J]. Powder Metallurgy, 2006, 49 (3): 253-257.

[20] 李进学, 胡锐, 李金山, 等. 细晶 Al$_2$O$_3$/Cu 复合材料的研究 [J]. 粉末冶金技术, 2002, 20 (5): 276-279.

[21] 雷秀娟, 王峰会, 胡锐, 等. Al$_2$O$_3$-Cu 纳米复合材料的制备工艺及强化机理 [J]. 机械科学与技术, 2004, 23 (1): 90-90.

[22] 朱玉龙, 翟启杰, 黄卫华, 等. 钢颗粒增强铜基复合材料的界面和传导性 [J]. 特种铸造及有色合金, 2000, 1: 7-9.

[23] 郭世柏, 康启平. 机械合金化制备 Mo-Cu 复合材料的研究 [J]. 矿冶工程, 2009, 29 (4): 92-94.

[24] 张瑾瑾. 机械合金化制备 SiC、Mo 颗粒增强铜基复合材料的研究 [D]. 湖南: 中南大学材料科学与工程学院, 2005.

[25] ROHATGI P K, RAY S, LIU Y. Tribological properties of metal matrix-

graphite particle composites ［J］. International materials reviews, 1992, 37 (1): 129-152.

［26］MOUSTAFA S F, EL-BADRY S A, SANAD A M, et al. Friction and wear of copper-graphite composites made with Cu-coated and uncoated graphite powders ［J］. Wear, 2002, 253 (7): 699-710.

［27］KOVACIK J, EMMER S, BIELEK J. Effect of composition on friction coefficient of Cu-graphite composites ［J］. Wear, 2008, 265 (3): 417-421.

［28］MENEZES P L, ROHATGI P K, LOVELL M R. Self-Lubricating Behavior of Graphite Reinforced Metal Matrix Composites ［J］. Green Tribology, 2012: 445-480.

［29］郭斌, 胡明, 金永平. 工艺参数对石墨/铜基复合材料导电性能的影响 ［J］. 机械工程材料, 2008, 32 (10): 4-6, 84.

［30］张鹏, 杜云慧, 曾大本, 等. 铜-石墨复合材料的半固态铸造研究 ［J］. 复合材料学报, 2002, 19 (1): 41-45.

［31］Zhan Yongzhong, Zeng Jianmin. Fabrication and electrical sliding wear of graphitic Cu-Cr-Zr matrix composites ［J］. International Materials Reviews, 2006, 97: 50-155.

［32］刘元. 纳米 $NbSe_2$ 铜基自润滑复合材料的制备及摩擦学性能研究 ［D］. 江苏: 江苏大学材料科学与工程学院, 2010.

［33］BARSOUM M W. The $M_{N+1}AX_N$ phases: A new class of solids ［J］. Progress in Solid State Chemistry, 2000, 28: 201-281.

［34］GUPTA S, BARSOUM M W. On the tribology of the MAX phases and their composites during dry sliding: A review ［J］. Wear, 2011, 271 (9-10): 1878-1894.

［35］闫程科, 周延春. Ti_2SnC 颗粒增强铜基复合材料的力学性能 ［J］. 金属学报, 2003, 39 (1): 99-103.

［36］Zhang Yi, Sun Zhimei, Zhou Yanchun. Cu/Ti_3SiC_2 composite: a new electrofriction material ［J］. Materials Research Innovations, 1999,

3 (2): 80-84.

[37] Zhang Yi, Zhou Yanchun. Mechanical properties of Ti_3SiC_2 dispersion-strengthened copper [J]. Zeitschrift für Metallkunde, 2000, 91 (7): 585-588.

[38] 张中宝, 许少凡, 袁传勇. Ti_3SiC_2 陶瓷颗粒增强铜基复合材料的组织和性能 [J]. 稀有金属快报, 2006, 25 (5): 30-33.

[39] 张毅, 周延春. Ti_3SiC_2 弥散强化 Cu: 一种新的弥散强化铜合金 [J]. 金属学报, 2000, 36 (6): 662-666.

[40] 闫程科, 周延春. Ti_2SnC 颗粒增强铜基复合材料的力学性能 [J]. 金属学报, 2003, 39 (1): 99-103.

[41] HANADA K, IMAHORI A, NEGISHI H, et al. Microstructure and friction properties of cluster diamond dispersed Cu composite [J]. Key Engineering Materials, 2000, 177: 793-798.

[42] Zuo Qiang, Wang Wei, Gu Senmeng, et al. Thermal Conductivity of the Diamond-Cu Composites with Chromium Addition [J]. Advanced Materials Research, 2011, 311: 287-292.

[43] Zhu Dezhi, Wu Gaohui, Gen Guoqin, et al. Fabrication and properties of SiC/Cu composites for electronic packaging [C] //Electronic Packaging Technology, 2005 6th International Conference on. IEEE, 2005: 191-194.

[44] LEE Y F, LEE S L. Effects of Al additive on the mechanical and physical properties of silicon reinforced copper matrix composites [J]. Scripta materialia, 1999, 41 (7): 773-778.

[45] Zhan Yongzhong, Zhang Guoding. Graphite and SiC hybrid particles reinforced copper composite and its tribological characteristic [J]. Journal of materials science letters, 2003, 22 (15): 1087-1089.

[46] Zhan Yongzhong, Zhang Guoding. Friction and wear behavior of copper matrix composites reinforced with SiC and graphite particles [J]. Tribology Letters, 2004, 17 (1): 91-98.

［47］ Zhan Yongzhong, Shi Xiaobo, Xie Haogeng. Microstructural investigation on antifriction characteristics of self-lubricating copper hybrid composite ［J］. Materials science and technology, 2006, 22 (3): 368-374.

［48］许少凡, 顾斌, 李政, 等. 镀铜碳纤维-镀铜石墨-铜基复合材料的制备与性能研究 ［J］. 兵器材料科学与工程, 2006, 29 (5): 1-4.

［49］凤仪, 应美芳. 碳纤维含量对短碳纤维-铜复合材料性能的影响 ［J］. 复合材料学报, 1994, 11 (1): 37-41.

［50］唐谊平, 刘磊, 赵海军, 等. 短碳纤维增强铜基复合材料制备新工艺 ［J］. 机械工程材料, 2006, 3 (10): 21-24.

［51］高强, 吴渝英, 洪骏, 等. 短碳纤维对铜-石墨复合材料冲击值的影响 ［J］. 上海交通大学学报, 2002, 36 (1): 36-38.

［52］陶宁, 凤仪, 王成福. 纤维分布方式对碳纤维-铜复合材料导热性能的影响 ［J］. 材料导报, 1999, 13 (6): 60-64.

［53］唐谊平, 刘磊, 赵海军, 等. 短碳纤维增强铜基复合材料的摩擦磨损性能研究 ［J］. 材料工程, 2007, 4: 53-60.

［54］施琪, 吴亚平, 王丽霞, 等. 碳纤维复合材料抗拉性能测试结果的影响因素分析 ［J］. 兰州交通大学学报, 2008, 27 (4): 51-53.

［55］凤仪, 应美芳. 碳纤维含量对短碳纤维-铜复合材料性能的影响 ［J］. 复合材料学报, 1994, 11 (1): 37-41.

［56］ KOMARNENI S, PARKER J C, WOLLENBERGER H J EDS. Nanophase and Nanocomposite Materials II ［M］. Warrendale : Materials Research Society, 1997, 457: 558.

［57］ HANADA K, YAMAMOTO K, TAGUCHI T, et al. Further studies on copper nanocomposite with dispersed single-digit-nanodiamond particles ［J］. Diamond and related materials, 2007, 16 (12): 2054-2057.

［58］刘贵民, 李斌, 杜建华, 等. 不同纳米相增强铜基复合材料的性能 ［J］. 粉末冶金材料科学与工程, 2010, 15 (005): 450-455.

［59］CHU K, GUO H, JIA C, et al. Thermal properties of carbon nanotube-copper composites for thermal management applications ［J］. Nanoscale research letters, 2010, 5 (5): 868-874.

［60］TU J P, YANG Y Z, WANG L Y, et al. Tribological properties of carbon-nanotube-reinforced copper composites ［J］. Tribology Letters, 2001, 10 (4): 225-228.

［61］许龙山, 陈小华, 吴玉蓉, 等. 碳纳米管铜基复合材料的制备 ［J］. 中国有色金属学报, 2006, 16 (3): 406-411.

［62］吴清英, 刘向兵, 褚克, 等. SPS 法制备铜-2%碳纳米管复合材料 ［J］. 粉末冶金技术, 2010, 28 (003): 210-214.

［63］Chang Shouyi, Su Jienlin. Fabrication of SiC_w reinforced copper matrix composite by electroless copper plating ［J］. Scripta materialia, 1996, 35 (2): 225-231.

［64］YIH P, CHUNG D D L. Silicon carbide whisker copper-matrix composites fabricated by hot pressing copper coated whiskers ［J］. Journal of materials science, 1996, 31 (2): 399-406.

［65］王惜宝, 罗震, 石中泉, 等. 碳化钛晶须-铜基复合电极材料的制备方法: 中国, 200410020172. 1 ［P］. 2005-03-23.

［66］MURAKAMI R, MATSUI K. Evaluation of mechanical and wear properties of potassium acid titanate whisker-reinforced copper matrix composites formed by hot isostatic pressing ［J］. Wear, 1996, 201 (1): 193-198.

［67］朱建华. 复合电铸制备颗粒增强铜基复合材料工艺及性能研究 ［D］. 上海: 上海交通大学材料科学与工程学院, 2007.

第3章 连续增强铜基复合材料

连续增强铜基复合材料是采用连续的纤维状或网络状增强体作为铜基体的增强组元并通过特定的合成工艺制成的复合材料。根据连续增强体的分布形态不同,它又可分为单向长纤维增强铜基复合材料、二维及三维连续增强铜基复合材料等几种。

3.1 单向长纤维增强铜基复合材料

自20世纪60年代起,连续纤维就被用作金属基复合材料的增强体,在基础研究和实际应用方面都取得了很大的发展。由于连续纤维在纵向上具有比基体金属高得多的强度和模量,可显著提高复合材料的比强度和比模量,因此其复合材料是航空、航天等对构件轻质化有苛刻要求的高技术领域的理想的结构材料。

纤维根据其形态(长度)不同,可分为连续纤维(或称长纤维)和短纤维两种。连续纤维包括直径100 μm以上的单根纤维和20 μm以下的由几百到几千根细纤维组成束的绞线状品,沿其轴向有很高的强度和弹性模量。用于铜基复合材料的连续增强纤维包括碳(石墨)纤维、碳化硅纤维以及各种金属纤维。长碳纤维的研究和生产发展很快,使得连续碳纤维增强铜基复合材料的研究比较系统化,该材料的应用也比较成熟。

3.1.1 碳纤维增强铜基复合材料

1. 碳(石墨)纤维概述

碳纤维是由有机纤维经碳化及石墨化处理而得到的纤维材料,最早的例子是1879年由著名的美国发明家爱迪生采用天然竹子和纤维素来制造电灯丝。1958年美国 Union Carbide 公司实现了从人造丝制备碳纤维的工业生产。1961 年日本开发了以聚丙烯腈(PAN)纤维为原料制成了 PAN 基碳纤维的技术。1964 年英国研制了高性能的 PAN 基碳纤维。1970 年后,随着航空、宇航、核工业等高技术工业对碳纤维的大量需求,使其得到了迅速的发展[1, 2]。

碳纤维的微观结构与人造石墨类似,由沿着纤维轴方向择优取向二维乱层石墨微晶所组成。碳纤维的基本结构单元是纳米宽、数千纳米长的带状层面,由几个带组合形成绞在一起且取向高度平行于纤维轴的微纤维。它具有低密度、高强度、高刚度、低膨胀系数、低电阻、高导热、耐疲劳、耐高温、抗化学腐蚀、抗辐射等优点。与其他无机纤维相比,碳纤维更柔软、比强度和比模量好,且可编性更高。碳纤维的不足之处是抗冲击性和高温抗氧化性较差,与金属铜的润湿性较差,需要通过特殊的处理工艺来改善界面结合。

碳纤维可采用不同的原料和工艺制成,因此有丰富的种类,其分类方法也有多种[3]。根据结构和功能不同,可分为一型、二型和三型等三种碳纤维。其中一型碳纤维的结晶方向平行于纤维轴的程度高,具有高模量;二型碳纤维结晶方向的定向程度稍低,具有高强度;三型碳纤维的结晶形态为自由相位,具有各向同性。根据制造碳纤维的原料不同,可将其分为聚丙烯腈系碳纤维、沥青系碳纤维、粘胶系碳纤维、木质素纤维系碳纤维、其他有机纤维系(各种再生纤维、天然纤维、缩合多环芳香族合成纤维)碳纤维等,其中前三种在目前较常被使用。根据碳纤维机械性能的高低,可分为高性能碳纤维和低性能碳纤维。其中高性能碳纤维又分为高模型(模量 300 GPa 以上)和高强型(强度 2 000 MPa、模量 250 GPa)。强度大于 4 000 MPa的又称为超高强型,模量大于 450 GPa 的则称超高模型。

与有机纤维和无机纤维的制造方法不同,碳纤维不能用熔融法或溶液法直接纺丝,只能以间接的方法制造。有机纤维碳化法是通常制造连续碳纤维所采用的工艺,它是先将有机纤维经过稳定化处理变成耐焰纤维,然后在惰性气氛中于高温下焙烧碳化,使有机纤维失去部分碳和其他非碳原子,形成以碳为主要成分的连续纤维。表 3.1 列出了碳纤维的牌号及性能指标。

表 3.1　碳纤维牌号与性能

制造厂	商品牌号	原料	密度 $/(\text{g}\cdot\text{cm}^{-3})$	单丝直径/μm	弹性模量 /GPa	拉伸强度 /GPa
美国联合碳公司	Thornel-25	粘胶	1.49	7.8	171.6(1 151.8)	1.3(8.9)
美国联合碳公司	Thornel-40	粘胶	1.56	6.9	274.6(1 760.2)	1.7(11.0)
美国联合碳公司	Thornel-50	粘胶	1.96	6.6	343.2(1 751.2)	2.0(10.0)
美国联合碳公司	Thornel-100	粘胶	1.79	6.1	686.5(3 835.0)	3.4(19.2)
美国联合碳公司	Thornel-300	丙烯腈	—	—	233.4	2.2
美国联合碳公司	Thornel-400	丙烯腈	—	—	260.0	3.1
美国塞兰尼公司	GV-70	丙烯腈	2.03	—	514.8(2 536.2)	2.2(11.0)
美国赫尔克里士公司	Magnamite-A	丙烯腈	1.80	—	233.4(1 296.7)	2.7(15.3)
美国汤姆森公司	HMG-40	粘胶	1.70	—	274.6(1 615.2)	1.7(9.5)
美国汤姆森公司	HMG-40	粘胶	1.71	—	347.2(2 030.1)	2.1(12.0)
美国蒙桑次公司	Fibrally-300	丙烯腈	1.80	6.1	411.9(2 288.2)	2.2(12.0)
美国蒙桑次公司	Fibral 长纤维	丙烯腈	1.97	—	205.9(1 045.4) ~ 411.9(2 090.1)	0.9(4.5) ~ 1.9(9.4)
英国考陶尔德公司	Grafil-A	丙烯腈	1.73	9.1	107.1(1 139.4)	2.1(11.9)
英国考陶尔德公司	Grafil-HT	丙烯腈	1.74	8.6	247.1(1 420.3)	2.2(12.6)
英国考陶尔德公司	Grafil-HM	丙烯腈	1.90	8.3	363.8(1 914.9)	2.0(10.5)
英国摩根尼特公司	Modmor-I	丙烯腈	1.99	7.5	377.6(1 897.3) ~ 446.2(2 242.2)	1.4(6.9) ~ 2.1(10.3)
英国摩根尼特公司	Modmor-II	丙烯腈	1.74	8.0	240.3(1 380.8) ~ 309.0(1 775.3)	2.4(13.8) ~ 3.1(17.8)
英国皇家航空研究院(RAE)	RAE-I	丙烯腈	1.99	8.3	377.6(1 897.3) ~ 446.2(2 242.2)	1.4(6.9) ~ 2.1(10.3)

续表 3.1

制造厂	商品牌号	原料	密度 /(g·cm⁻³)	单丝直径/μm	弹性模量 /GPa	拉伸强度 /GPa
英国皇家航空研究院(RAE)	RAE-II	丙烯腈	1.74	8.6	235.4(1 352.6) ~ 304.0(1 747.2)	2.4(13.8) ~ 3.1(17.8)
法国卡博洛艺公司	Riglos-AC	丙烯腈	—	—	166.7	2.0
法国卡博洛艺公司	Riglos-AG	丙烯腈	—	—	264.8	0.9
日本东海电机公司(TDK)	高模量实验品 高强度实验品	丙烯腈	—	13 ~ 16	343.2 ~ 617.8	1.4 ~ 2.1
日本碳公司(NCR)		丙烯腈	1.90	6.0	131.4(691.6)	0.7(3.6)
		丙烯腈	1.80	6.5	117.7(653.8)	1.2(6.5)
日本东丽公司		丙烯腈	1.95	7	343.2(1 760.2) ~ 372.7(1 911.0)	2.0(10.1) ~ 2.5(12.6)
		丙烯腈	1.77	7	255.0(1 440.5) ~ 274.6(1 551.3)	2.5(13.9) ~ 2.9(16.6)
日本吴羽化肥公司	实验品	石油沥青	1.89	6	446.2(2 360.9)	3.4(18.2)
	KGF-200	聚氯乙烯沥青	1.50	7.12	78.5(523.0)	1.2(7.8)
日本新药公司		木质素	1.60	12~14	58.8(367.7)	2.4(13.8) - 3.1(17.8)

2. 连续碳纤维增强铜基复合材料

(1)C_f/Cu 复合材料的发展与应用

连续碳纤维增强铜基复合材料的研究始于 20 世纪 60 年代,是研究历史最长的现代金属基复合材料之一。它是在早期的粉末冶金铜-石墨材料及短切碳纤维/Cu 复合材料的基础上发展起来的一种功能材料。20 世纪 70 年代起,人们通过热压工艺将金属涂覆碳纤维制成了致密的连续碳纤维/铜复合材料,推动了该材料研究的发展和生产的实质性进步。

1971 年,人们最先探索了在高强碳纤维上镀镍和铜复合涂层,然后在

1 173 K温度下将碳纤维束进行热压,合成 C_f/Cu 复合材料的工艺,然而很快发现存在碳纤维分布不均匀的问题,制得的复合材料容易分层,没有达到预期的性能。此后各国均重视连续 C_f/Cu 复合材料领域的研究并做了大量工作[4,5],取得了一系列工业上的进展。我国是从 20 世纪 80 年代开始进行相关的基础和应用研究工作的,近二十多年来取得了很好的进展,并已在部分工业领域获得材料的应用。

连续 C_f/Cu 复合材料的早期研究主要偏重作为轴承元件等自润滑部件来应用的,而最近十多年的研究更多以取代金、银、钨等稀贵金属基材料为目标,主要集中于作为传导电和热的功能部件(同时承受外载荷和摩擦磨损)。鉴于连续碳纤维增强铜基复合材料具有导电导热好、热膨胀系数低、磨损率和摩擦系数小等优点,目前已作为集成电路散热板、电刷、半导体支撑电极等获得应用。此外,它具有的良好的高温强度和抗蚀性还使它也成了高温结构的重要备选材料。

(2)C_f/Cu 复合材料的结构与性能

材料微观组织结构对连续碳纤维增强铜基复合材料的性能影响很大,主要包括碳纤维增强体的体积分数、排列方式、纤维–基体的界面结合等因素,而复合材料的制备工艺则对上述因素的作用有密切的影响。

①微观结构。图 3.1 为采用扩散黏结技术制备的连续碳纤维增强铜基复合材料[6]。该工艺首先在碳纤维表面镀一层连续的 Cu 镀层,然后在 873 K 下采用真空扩散黏结方法热压 30 min,制得纤维定向排列的 C_f/Cu 复合材料。可以看出,总体上复合材料中碳纤维的排列比较均匀,但仍局部存在分布不均匀的现象,主要原因是由碳纤维上铜涂层的不均匀或是热压时铜基体的塑性流动不一致所导致。在少部分区域甚至可以观察到碳纤维聚集或是相互接触的现象。

由于 C 在 Cu 中不溶解(高温下其溶解度也低于 0.02%),而且润湿性较差,使得纤维分布和界面结合都不理想,给制备碳纤维增强铜基复合材料带来了很多困难。通常可通过两种途径来解决上述问题:使纤维与基体发生反应,或使基体元素溶解在纤维中。例如 Berner 等[7]探讨了通过热处理工艺在C_f/Cu复合材料界面形成厚度约为 50 nm 的纳米晶结构,获得

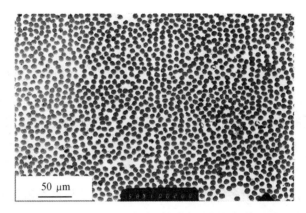

图 3.1 57% C_f/Cu 复合材料的光学显微组织

了良好的界面结合(见图 3.2)。我们将在第 6 章详细介绍该复合材料的界面优化和微观组织改善的方法和机理。

②力学性能。碳纤维具有高的弹性模量、比强度、横向力学性能和层间剪切强度,采用连续碳纤维作为增强体对于铜基复合材料的纵向增强作用十分显著,其室温和高温力学性能显著高于同一成分的铜基体。相应的,塑性和断裂韧度则有所降低。

碳纤维与铜之间为弱界面结合,因此界面结构和性能的改善是决定连续 C_f/Cu 复合材料性能的关键。目前的主要途径包括基体合金化和添加纤维与基体之间的渡层等两种,具体的原理和进展将在第 6 章详细介绍。

基体合金化能显著提高连续碳纤维增强铜基复合材料的高温强度,如图 3.3 所示[8~10]。另外,通过两步镀铜法制得碳纤维-铜的复合体,然后采用真空熔融浸渍成型法制备出的连续碳纤维增强铜基复合材料,其强度可达到 585 MPa。

纤维是一种微观结构和性能的取向性均很明显的材料,因此连续碳纤维增强铜基复合材料的力学性能受纤维种类、纤维横截面形状和大小、纤维的体积分数、纤维取向、界面结合状态等因素的影响较大。目前由于连续 C_f/Cu 复合材料的制备工艺还不成熟,较难控制连续碳纤维的分布以达到理想的均匀性和取向,从而导致碳纤维在铜基体中存在一定程度的偏聚,造成对基体连续性的割裂,不利于复合材料有效地传递和分配外载荷;此外,碳纤维复合丝自身的制备及其与铜基体之间的复合成型过程均会由

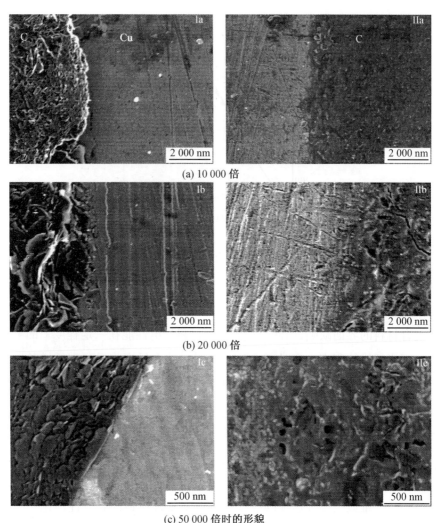

(a) 10 000 倍

(b) 20 000 倍

(c) 50 000 倍时的形貌

图 3.2 未热处理和热处理之后的 Cu-C 纤维界面的 HRSEM 显微组织照片

于机械或化学的作用而造成一定程度的纤维损伤,降低碳纤维自身的强度下降。因此,严格确保制备工艺中的各个环节、两种组元的合理分布及自身应有的性能是连续 C_f/Cu 复合材料获得好的力学性能的关键。

③导电性能。连续碳纤维增强铜基复合材料的电导率比同一成分的铜基体稍低。铜基体中的合金元素、碳纤维体积分数、碳纤维表面状态、界面结合情况、基体和界面区域残余应力等是影响连续 C_f/Cu 复合材料导电

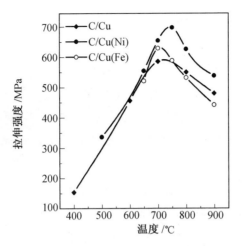

图 3.3　基体合金化的 C_f/Cu 复合材料的拉伸强度–温度关系图

性能的主要因素[11]。

　　碳纤维的加入减少了铜基体的体积分数、割裂了基体的连续性、增加了复合材料的界面缺陷,因此会造成复合材料导电性能在一定程度上的下降。而当纤维体积率一定时,C_f/Cu 复合材料的电导率将受到碳纤维长度和分布方式的影响。例如,碳纤维单向分布的 C_f/Cu 复合材料,沿着纤维方向的电导率高,而垂直于纤维方向电导率较低,两个方向的电导率值最大时可相差超过 10 倍以上。而三维分布 C_f/Cu 复合材料的导电性能则有很大变化,其平行纤维方向的电导率甚至低于单向分布的连续 C_f/Cu 复合材料的纵向电导率,而在垂直方向上两种复合材料则基本接近。尽管如此,单向、二维或三维等连续碳纤维增强铜基复合材料的导电性均比短碳纤维增强铜基复合材料更高,因此各类连续 C_f/Cu 复合材料(尤其是单相连续 C_f/Cu)更适合于电导率要求高的领域。

　　合金元素则会造成铜基体晶格点阵的畸变,对电子有散射作用,使得复合材料的电导率降低。少量的合金元素即可导致铜基复合材料的电导率显著下降,因此进行铜基体合金化时往往要比较谨慎,需要考虑合金元素种类以及含量的选择,通常以低合金元素含量为宜。

　　由于在 C_f–Cu 界面附近的铜基体中存在大量的空位、位错等微缺陷,增加了自由电子的散射程度,引起电导率降低,因此是界面状态设计连续

C_f/Cu 复合材料时需要考虑的另一重要因素。对碳纤维进行表面涂层处理可优化 C_f-Cu 界面,减少上述自由电子散射的形成因素,使连续 C_f/Cu 复合材料保持较高的导电性。

④热膨胀性能。作为电和热方面的功能材料,连续 C_f/Cu 复合材料的尺寸稳定性十分重要,因此,可通过选择合理的增强体的含量来获得较低的热膨胀系数,或是通过合理地排列连续增强体的分布来调整不同方向上热膨胀系数的匹配,以满足应用领域的性能要求。

C_f/Cu 复合材料的热膨胀系数随着连续碳纤维的加入而显著减小。例如,单向碳纤维增强铜基复合材料的热膨胀系数随着碳纤维体积分数的增加而线性减小,二维及三维增强复合材料的热膨胀系数则随着纤维含量的不同而有相对复杂的变化[12, 13]。由于碳纤维的热膨胀系数比铜基体低,这将在铜基体中引起位错的产生和增殖,使得界面附近的铜基体发生晶格畸变,导致显微硬度的增加。因此随着连续 C_f/Cu 复合材料中纤维排列方式的不同,在特定的温度范围内会呈负的轴向热膨胀以及导热性的正交各向异性。在复合材料的制备、后续处理以及温度循环变化的使用环境中均会产生很大的内应变并产生内应力,使复合材料发生热疲劳。增加连续碳纤维的含量使得内应力引发的热疲劳更加严重。

连续 C_f/Cu 复合材料的界面结合强度对复合材料的热膨胀性能有显著的影响,高的界面结合强度可获得更好的复合材料尺寸稳定性。由于碳纤维与铜属于弱界面结合,所以当 C_f/Cu 复合材料的界面结合不好时,温度变化时组元之间变形的不匹配可引起扩散和界面滑移,使铜基体内部产生应力松弛,导致空位和微裂纹的产生,从而在沿纤维方向发生界面剥离,显著地影响单向连续 C_f/Cu 复合材料的热性能及力学性能。

⑤摩擦磨损性能。如前所述,碳纤维的微观组织为乱层石墨结构,因此是良好的固体润滑剂,可降低复合材料的摩擦系数。

碳纤维的种类、含量、排列方式以及与铜基体的界面结合等因素均会影响 C_f/Cu 复合材料的摩擦磨损性能[14, 15]。增加碳纤维含量,可在 C_f/Cu 复合材料的磨损接触面上形成覆盖面积大而且连续性高的自润滑碳膜,使得铜基复合材料的摩擦系数越小,复合材料的磨损率也相应下降。但是提高的碳纤维含量又会增加滑动摩擦时对偶面之间的摩擦阻力,当这一作用超过碳纤维的减摩作用时,将使摩擦系数反而增大。过高的摩擦阻力甚至会使 C_f-Cu 的界面发生脱粘而形成严重磨损,复合材料与对偶材料的磨损率都将显著增加。由于碳纤维的端部与铜基体的结合区域属于薄弱区,因此选用长的连续碳纤维有利于提高复合材料的强度,从而改善耐磨性。碳纤维种类的选择需要考虑许多因素的影响:复合材料亚表层区域中的碳纤维的变形程度对于摩擦磨损过程有较大的影响,这与碳纤维的强度、模量以及直径等均有密切的联系,所以应当根据实际的磨损条件来适当地选择碳纤维的含量和种类。与此同时,外部条件例如载荷、滑动速度、是否带电(以及电流强度)等因素均会影响连续 C_f/Cu 复合材料的摩擦磨损行为。

(3)C_f/Cu 复合材料的制备工艺

连续碳纤维铜基复合材料的界面脱粘和纤维分布等制备问题仍有待解决,因此不断探讨并完善其制备工艺十分重要。目前已经开发了多种制备连续 C_f/Cu 复合材料的方法,包括热压法(固态法)和挤压铸造法、液态金属浸渍法、真空压力浸渍法等液态金属法[16, 17]。

碳纤维与铜之间既不润湿也不发生反应,属于弱界面结合方式,因此难以承受较高的载荷,脱粘是该类复合材料断裂破坏的重要机理,改善 C_f-Cu 两相之间的结合是 C_f/Cu 复合材料制备工艺的首要问题。目前主要通过基体合金化和碳纤维表面处理两种途径来改善两种组元之间的润湿性。

例如,在采用连续三步电沉积然后真空热压法制备连续 C_f/Cu 复合材料时,在铜基体中加入适量的 Ti, Mo, V, Fe, Co, Ni 等合金元素,可明显地提高碳纤维与铜之间的润湿性。分析发现,合金元素在铜基体中通过在内界面的吸附作用来降低内界面张力,从而在维持铜基体较高的导电和导热性能的前提下,显著地改善复合材料的综合性能[18~21]。例如,对碳纤维进行 Cu(Ni)双镀层的涂覆工艺可在 C_f-Cu 界面区域形成 Cu-Ni 固溶体,它能溶解微量的碳,从而提高碳纤维与铜基体的结合强度。再如,与无中间层的 C/Cu 复合材料相比,热压法制备的 C_f/Cu(Fe)复合材料的界面结合强度将从 40.7 MPa 提高到 73.7 MPa。有关碳纤维表面镀层处理改善界面强度的问题将在第 6 章进行详细介绍。

热压法也称热压扩散黏结法,是通过原子的扩散来形成组元间的结合,是制备各类连续纤维增强复合材料的传统方法。该法首先对长碳纤维进行镀层预处理以改善其润湿性,然后根据预定的纤维排列方式(取向、体积分数、纤维编织方式等)制成预成形复合体,最后在真空或保护气氛下加热、加压以制成组织致密的块体复合材料。该工艺的烧结过程是在加压条件下完成的,避免了粉末冶金等固态工艺的烧结过程中由于纤维回弹而引起的密度下降,因此铜基体的致密度很高,基体及界面区域的孔洞均较少,纤维的损伤小且分布均匀,复合材料具有优良的性能。该工艺的不足是制备成本高,需要特定的设备,不易于批量生产,因此目前在工业上仍未获得推广,主要用于满足特定需要的连续 C_f/Cu 复合材料的生产。

图 3.4 为先采用电沉积法制备铜镀层碳纤维,然后通过热压法制备单向 C_f/Cu 复合材料的微观组织[22]。

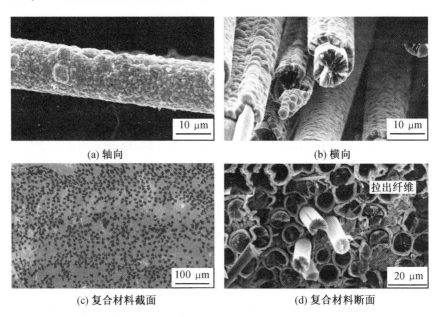

(a) 轴向   (b) 横向

(c) 复合材料截面   (d) 复合材料断面

图 3.4 石墨纤维表面的铜镀层

复合材料的热膨胀系数(CTE)随着碳纤维含量增加而下降,在超过碳纤维的体积分数 60% 时,纵向 CTE 达 0.027×10^{-6}/K(如图 3.5),获得近似零膨胀率材料,在电子封装、光学器件及纳米器件等方面有重要的应用前景。复合材料的热导率见表3.2。

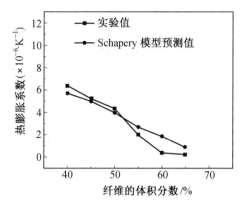

图 3.5 不同纤维含量的铜基复合材料的热膨胀系数

（实验值与采用 Schapery 模型预测的理论值）

表 3.2 C_f/Cu 复合材料在纵向和横向的热导率

样品	密度/$(g \cdot cm^{-3})$	热传导系数/$[W \cdot (m \cdot K)^{-1}]$
MMC50%	5.11	∥309.0 ⊥68.30
MMC55%	4.96	∥283.4 ⊥54.00
MMC60%	4.52	∥221.9 ⊥42.30
MMC65%	4.15	∥191.4 ⊥33.11

挤压铸造法是液态方法制备连续 C_f/Cu 复合材料工艺中最为常用的一种。该法首先按照所需的纤维排列方式和孔隙率将碳纤维制成预制件，然后置于金属模具中预热，再将高温熔融态铜液倒入模具中，并且加压使其渗入碳纤维预制件中制得连续 C_f/Cu 复合材料。控制好液态铜相对碳纤维预制件的渗透过程是挤压铸造法的关键，其中预制件温度、铜液温度、浸渗压力及冷却速度等工艺参数是需要准确度控制。该法的制备成本较低，通过合理控制工艺参数可以制备出性能稳定且综合性能好的 C_f/Cu 复合材料。该法的不足之处是碳纤维体积分数较难控制，当工艺控制不当时会造成碳纤维的偏聚；而且挤压铸造过程容易产生铸造缺陷，过高的挤压力还会造成很大的应力集中而使纤维之间产生界面的脆性接触，形成低应

力破坏。上述问题可通过碳纤维表面涂层处理或在纤维预制件中加入细小颗粒等措施来解决。

3.1.2　碳化硅纤维增强铜基复合材料

1. 碳化硅纤维概述[23]

纯碳化硅分为六方或菱面体的 α-SiC 和立方 β-SiC（称为立方碳化硅），具有化学性能稳定、高温抗氧化性好、导热系数高、热膨胀系数小、耐磨性能好等优异的性能。自 20 世纪 60 年代起碳化硅纤维就取得发展，首先由美国空军材料实验室的通用技术公司研制成功。1966 年以 β-SiC 细晶粒为原料，采用化学气相沉积法成功制备出连续的碳化硅纤维。1975 年，日本开发了直接从聚合物纺丝制成碳化硅纤维的新工艺。我国最早则由国防科技大学于 1982 年成功制备出 SiC 纤维。表 3.3 为当前主要的商用 SiC 纤维的基本组成和性能参数。

表 3.3　当前主要的商用 SiC 纤维的基本组成和性能参数

品种	制造商	纤维组成（质量分数）/%	密度/(kg·m⁻³)	直径/μm	抗拉强度/GPa	弹性模量/GPa
NL-202	日本碳公司	Si:57,C:31,O:12	2.55	14	3.0	220
Hi-Nicalon	日本碳公司	Si:62,C:32,O:0.5	2.74	14	2.8	270
Hi-Nicalon-S	日本碳公司	Si:68.9,C:30.9,O:0.5	3.10	12	2.6	420
Tyranno LOXM	宇部兴产	Si:5.4,C:32.4,O:10.2,Ti:3	2.48	11	3.3	187
Tyranno-ZM	宇部兴产	Si:55.3,C:33.9,O:9.8,Zr:1.0	2.48	11	33	192
SiBNC	美国 Bayer	SiBNC₃含 Al:1.3	1.80~1.90	8~14	3.0	358

续表3.3

品种	制造商	纤维组成 （质量分数)/%	密度 /(kg·m^{-3})	直径/μm	抗拉强度 /GPa	弹性模量 /GPa
UFSiC	美国 3M	SiC/C 含 O:1.1	2.70	10～12	2.8	210～240
SCS-6	美国 TEXTRON	SiC/C	3.00	140	4.0	390
SYLRAMIC	美国道 康宁公司	SiC:95,TiB$_2$:3 B$_4$C:1.3	3.0	10	3.4	386
KD-1	中国国防 科技大学	Si-C-O	2.50	12～15	2.3～2.4	150～190

　　SiC 纤维的制备方法主要包括化学气相沉积法(CVD 法)、先驱体转化法和活性炭纤维转化法。化学气相沉积法是最常见的生产 SiC 纤维复合长单丝的方法之一,它是在一定温度下让甲基氯硅烷类化合物与氢气混合并发生化学反应,在钨丝或碳纤维等基体上生成并沉积 SiC 微晶,然后经过热处理获得复合 SiC 纤维。化学气相沉积法制得的 SiC 纤维中的 SiC 纯度高,具有优异的抗拉强度和抗蠕变性能;但是生产效率较低、成本高、无法实现大批量工业化的生产,而且纤维的直径较粗、不利于编织以及复合材料的成型。

　　先驱体转化法是指把有机聚合物作为先驱体,利用其可溶可熔的特性来成型,然后经过高温热分解处理使之转变为无机陶瓷材料。该法制备的 SiC 纤维具有强度和模量高、直径小、纤维连续等优点;而且可以在较低的温度下采用熔融纺丝或干法纺丝等高聚物成型工艺来制备。该法的制备工艺较复杂、成本较高,而且纤维的质量不易控制,但是仍是制备 SiC 纤维的主流方法,已经实现了 SiC 的工业化生产。

　　活性炭纤维转化法则是利用气态的一氧化硅与多孔炭反应而转化生成 SiC 纤维。它首先要进行活性炭纤维的制备,然后在一定真空度与温度下与 SiO 气体反应,并在 N$_2$ 气下进行高温处理(1 600 ℃)。该法获得的

SiC 纤维含氧量低,而纤维的抗拉强度则达到 1 000 MPa 以上。该法的生产工艺简单、成本较低,但是制备的 SiC 纤维存在微孔等缺陷,与另外两种工艺相比其强度相对较低且不稳定。

2.碳化硅纤维增强铜基复合材料

SiC-Cu 体系的界面问题一直受到关注。首先它是互不浸润体系,在 1 100 ℃温度下熔融态 Cu 与 SiC 界面的润湿角达到140°,而在一定的温度和制备条件下它们又有可能发生界面反应。Pelleg 等[24]分别采用常规的真空感应熔炼、粉末冶金方法(烧结温度 510 ~ 850 ℃,保温时间 36 h 和 44 h)和热等静压烧结方法(烧结温度和时间分别为 500 ℃、150 MPa,及 650 ℃、100 MPa,保温时间 2 h),对连续 SiC 纤维增强铜基复合材料的界面进行了研究。结果表明,热等静压烧结工艺快速烧结制备的材料,在 SiC-Cu 界面没有发生界面反应,拔出的 SiC 纤维表面光滑;而采用真空感应熔炼和粉末冶金方法制备的材料则发生了严重的反应,拔出的 SiC 纤维表面粗糙,由于一些反应产物被排除,使得界面区域宽化。通过添加少量的合金元素 Fe(2.5%),可以避免界面反应,改善 SiC 纤维与基体之间的润湿性(图 3.6 ~ 3.8),使 SiC 纤维增强铜基复合材料在 600 ~ 860 ℃保持稳定。但是当温度高于 860 ℃时,即使添加了 Fe 元素,SiC-Cu 的界面反应仍十分严重。此外,对于热等静压工艺,如果烧结过程中的保温时间过长,也会造成界面处发生反应。这些研究表明,快速烧结有利于避免 SiC-Cu的界面反应。

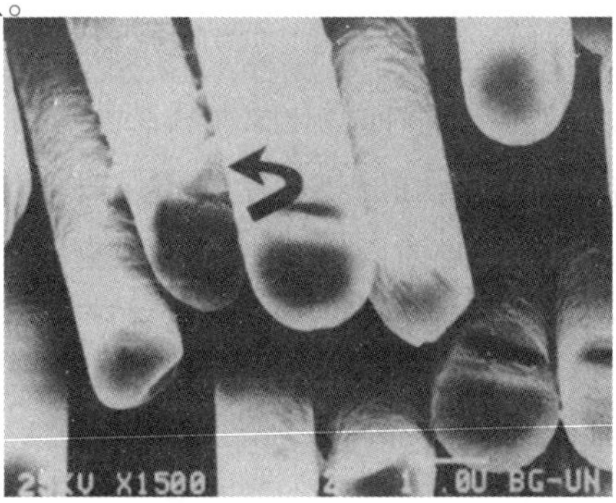

图 3.6　采用感应熔炼法制备的铜基复合材料中的 SiC 纤维 SEM 形貌

(图片显示纤维表面与液态铜发生了反应,箭头指示为纤维表面余留的铜基体)

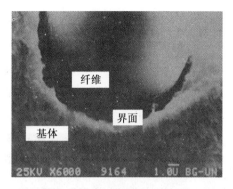

图 3.7 在 773 K、150 MPa 条件下采用 HIP 工艺制备的
SiC$_f$/Cu 复合材料的 SEM 形貌

（图片显示纤维表面光滑，没有发生界面反应）

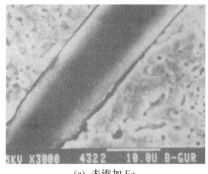 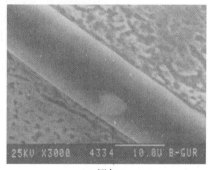

(a) 未添加 Fe   (b) 添加 Fe

图 3.8 添加 Fe 元素对 HIP 工艺(923 K,100 MPa,7.2×10^3 s)制备的
SiC$_f$/Cu 复合材料界面的影响

Brendel 等[25, 26]以核聚变反应堆热转移器材料为应用目标,对连续 SiC 纤维增强铜基复合材料的界面优化及制备工艺进行了一系列研究。所制得的 SiC$_f$/Cu 复合材料具有高的热传导率和强度,在中子辐射下的工作温度可达到 550 ℃,远高于目前所用的铜合金的 350 ℃ 的最高工作温度,极大地提高了核反应堆的工作温度。

他们采用表面为富碳涂层的 SCS-6SiC 纤维作为增强体,对比了直接纤维涂层法和引入 Ti 作为中间层的两种不同方法的效果。前者是采用电镀法直接在 SiC 纤维的表面镀上一定厚度的铜,然后将其装入铜包套中,抽真空并焊封后进行热等静压成型。后者则是在 SiC 纤维上溅射厚度为

100 nm 以下的 Ti 层,进而溅射一定厚度的铜以防止钛层的氧化,再根据 SiC_f/Cu 复合材料的纤维体积分数来电镀所需厚度的铜,进行铺层处理之后再热等静压成型。图 3.9 为采用磁控溅射涂覆 Ti 过渡层的 SiC 纤维-Cu 复合材料界面(Ti 过渡层厚度约为 100 nm,其外部厚度为 1 μm 的 Cu 层起保护钛过渡层不被氧化的作用)。

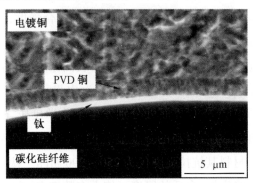

图 3.9 热处理之前 Ti 过渡层的 SEM 形貌

　　采用纤维顶出测试法和显微分析法来研究了不同纤维涂层处理工艺的界面情况(图 3.10)。其中通过纤维顶出试验可计算出界面摩擦应力 τ_f 和界面剪切应力 τ_d,从而直接反映复合材料的界面结合强度。τ_f 和 τ_d 值越大,则界面结合强度就会越高,表明复合材料的力学性能越好。测试结果表明,未采用 Ti 溅射进行改性的 SiC 纤维表面的富碳涂层与铜既不发生反应,又不润湿和相互扩散,界面结合强度很低,因此很容易把 SiC 纤维从基

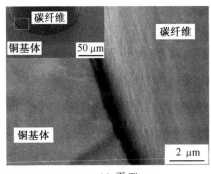
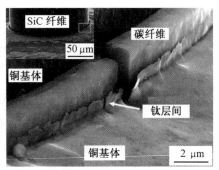

(a) 无 Ti   (b) 有 Ti

图 3.10 无 Ti 和有 Ti 作中间过渡层的 SiC_f/Cu 复合材料纤维拉出 SEM 形貌

体里顶出,从而在纤维和基体之间形成较大的裂缝,其 τ_d 和 τ_f 值均低于 10 MPa。而在 SiC 纤维表面涂覆钛层之后,钛和碳在一定温度下发生反应生成 TiC,由于它的物理性质介于铜基体和 SiC 纤维两者之间,具有性质渐变的特点,有利于受力过程中在基体和纤维之间承载均匀,起到微观结构和性质上的过渡区的作用,因此界面摩擦应力 τ_f 和界面剪切应力 τ_d 分别达到 54 MPa 和 70 MPa,远超过未涂覆 Ti 的界面结合强度,显著地改善了铜基体和 SiC 纤维之间的润湿性和界面结合。

表 3.4 对比了采用不同方法以及纤维表面涂层的 SiC_f/Cu 复合材料的抗拉强度,可以看出,采用 Ti_6Al_4V 作为内界面的复合材料,由于在 Cu/Ti_6Al_4V 和 Ti_6Al_4V/SiC 界面处分别发生了化学反应,改善了纤维和铜基体间的界面,使得复合材料的强度显著提高(超过 500 MPa),而未采用该过渡层的复合材料其抗拉强度仅为 250~290 MPa。钛及钛合金的厚度显著影响界面的稳定性,合适的厚度可使大多数 Ti 原子与 SiC 纤维表面的 C 原子反应形成 TiC,从而使材料的强度不因过渡的界面反应而下降。

表 3.4 采用不同方法以及纤维表面涂层的 SiC_f/Cu 复合材料的抗拉强度

样品	制作方法	Ti6Al4V 夹层	$D_K/(A \cdot dm^{-2})$	热处理	$V_f/\%$	σ_b/MPa
A	FFF	No	—	—	20	250±17
B	FCM	No	2	No	22	267±4
C	FCM	No	2	Yes	22	280±3
D	FCM	No	1	Yes	23	293±3
E	FCM	Yes	2	Yes	25	539±6

＊注:FFF 代表 foil-fiber-foil; FCM 代表 fiber-coating method.

界面结合的改善也提高了 SiC_f/Cu 复合材料的热物理性能。实验证实,在热压之前先进行纤维的热处理有助于减少显微孔隙,提高材料的致密度,从而改善复合材料的导电、导热性能。由图 3.11 可以更加清楚地理解 SiC_f/Cu 复合材料的膨胀行为:对于未涂覆 Ti_6Al_4V 合金镀层的复合材料(图 3.11(a)和(b)),由于界面结合弱,因此其轴向热膨胀主要依赖于界面脱粘和基体滑动;对于涂覆了 Ti6Al4V 合金镀层的复合材料(图 3.11

（c）和（d）），在经过 1 ~ 2 个周期的热循环之后，基体与纤维的结合依然很好。

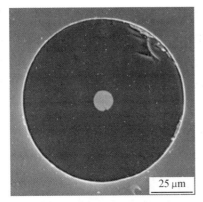
（a）无 Ti6Al4V 过渡层，一轮热循环处理

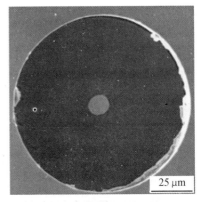
（b）无 Ti6Al4V 过渡层，二轮热循环处理

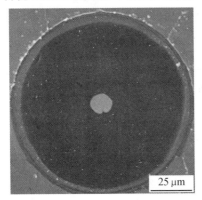
（c）有 Ti6Al4V 过渡层，一轮热循环处理

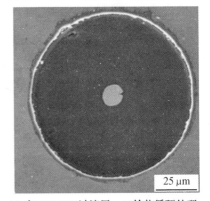
（d）有 Ti6Al4V 过渡层，二轮热循环处理

图 3.11　SiC_f/Cu 复合材料的热膨胀行为

3.1.3　金属纤维增强铜基复合材料

1. 常用金属纤维概述

与碳化物、氧化物、碳纤维等非金属增强体相比，采用金属纤维作为金属基复合材料的连续增强体具有无法比拟的特殊性能。这些优势包括：金属纤维自身的韧性好，与基体的润湿性好，不需对其进行复杂的表面处理，制备工艺相对简单，生产成本低，等等。但是，金属纤维容易与铜基体发生作用（反应或溶解、扩散），在高温下发生相变且其密度比各类非金属类纤

维增强体要高。

其中,钢丝增强铜复合材料是最早被用作连续纤维增强复合材料的典型模型体系,已有很长的研究历史。目前,用作铜基复合材料连续增强体的金属纤维包括 W 丝、Mo 丝、高强度钢丝、不锈钢丝等,所合成的铜基复合材料在许多特定的领域作为结构功能材料使用[27]。表 3.5 列出了各种常用金属纤维的性能。

表 3.5 金属纤维的性能

金属纤维	直径/μm	密度/($g \cdot cm^{-3}$)	熔点/K	抗拉强度/MPa	弹性模量/GPa
W	13	19.4	3 673	4 020	407
Mo	25	10.2	2 895	2 160	329
钢	13	7.74	1 673	4 120	196
钢琴丝	80	7.8	1 673	3 430	199
不锈钢丝	80	7.8	1 673	520	196
Be	127	1.83	1 553	1 270	245
Ti		4.51	2 073	1 670	132
Al		2.8	933	600	69
Mg		1.8	923	372	41

金属纤维的制造方法包括拉拔法、熔体纺丝法、切削法等。熔体纺丝法是最常采用且成本较低的连续金属纤维制备工艺。将金属在惰性气体中熔化,然后利用气压将其从喷丝头中压出,并逐步凝固获得所需的金属纤维。熔体纺丝法的成丝技术又有几种不同的具体工艺。溶液挤出法用于制造圆形的非晶金属纤维。回转液中纺丝法则是把金属液射流射入有冷却液的回转滚筒中,可制造 50～300 μm 的非晶纤维。玻璃包覆熔液纺丝法是把装入玻璃管或石英管中的金属线材在下端局部熔化拉成玻璃薄膜包覆的直径低于 10 μm 的纯金属(Pb,Cu,Al,Be 等)纤维。熔液抽出法包括坩埚熔液抽出法和下垂熔滴抽出法,是将与回转圆盘边缘接触的金属液从盘的下缘由离心力甩出,或者下垂的液滴由盘的上缘甩出制造金属纤维的方法。集束拉拔法通常用来制备不锈钢线和铜线,该法首先将多根线

埋入基体中,拉拔得到细线后,再把基体熔化掉而获得金属纤维。

钨纤维是采用锻打和拉拔工艺将钨条制成的细丝,拉丝模拉制法是目前最常用的钨丝制备方法。钨丝主要用于制造灯丝、光学仪器和化学仪器等的部件。它具有熔点高、电阻率大、强度好、蒸气压低、耐酸碱能力强等优点,也常被作为金属及金属间化合物基复合材料的连续增强体,所制备的复合材料在电子工业的大规模集成电路元件基板、燃气轮机耐热零件、火箭发动机方面有重要的应用。但是钨纤维的硬度较大而且较脆,在高温条件下容易发生再结晶而变脆,受到冲击或震动时容易断裂,因此钨纤维的加工和作为复合材料增强体使用方面仍有一些难题需要解决。

钼纤维是采用冷热拉结合工艺将优质的钼原料加工而成的丝状物,具有抗拉强度高、高温性能优良、化学稳定性好的优点。它是线切割机床电极丝、炉体加热材料、高温构件、电子管簧片和金属基复合材料增强纤维等的重要材料。

钢丝是钢材的板、管、型、丝四大品种之一,是采用冷拉工艺将热轧盘条制成的再加工产品。按用途可分为普通钢丝冷顶锻用钢丝、电工用钢丝、弹簧钢丝、结构钢丝、工具钢丝、纺织工业用钢丝、制绳钢丝等。钢丝生产主要包括原料选择、清除氧化铁皮、烘干、涂层处理、热处理、拉丝、镀层处理等多道工序。

2. 金属纤维增强铜基复合材料

钨纤维增强铜基复合材料的研究历史很长,在 20 世纪 60 年代初期已首次制备成功并引起了人们的兴趣。然而当时的钨纤维制备工艺还不够完善,造价很高, W_f/Cu 复合材料的性能还不理想,尤其是性能的稳定性不高,因此关于 W_f/Cu 复合材料的研究开发工作没有继续深入。随着近30 年来航天、军事和核电等尖端技术领域的快速发展,对材料提出了更加苛刻的特殊性能要求,使其重新受到重视[28, 29]。

钨纤维具有高熔点(3 410 ℃)和高密度的特点,其高温拉拔制备工艺使得钨纤维内部的微观结构呈纤维状组织,力学性能很高,是铜基复合材料良好的增强体,可以显著提高材料的强度和各项高温性能,在军工、航空、航天等领域的应用前景很好。目前已开发出了多种 W_f/Cu 复合材料的制造工艺,通常都是先将钨纤维与铜基体制成复合材料预制件(丝、片、带),再采用热压法、热等静压法、真空吸铸法、加压凝固铸造法、压铸法等工艺来制备 W_f/Cu 复合材料。

真空扩散黏结法可以有效地避免基体金属的氧化,是制备高体积分数的连续纤维增强铜基复合材料的重要方法。该工艺首先采用离子喷涂或电沉积金属层等方法制备 W_f–Cu 复合丝,然后将它们排列,通过热压工艺合成复合材料单层(图 3.12),再次按照所设计的增强体分布形式对这些单层进行排列,最后进行真空热压获得致密的连续钨纤维增强铜基复合材料。图 3.13 为采用真空扩散黏结法(工艺参数:压制温度 700 °C,压力 100 MPa,保压时间 900 s),通过压制厚度为 130 μm(W 丝直径 100 μm,Cu 箔厚度 60 μm)而制成的 W_f/Cu 铜基复合材料(W 纤维的体积分数为 40% ~ 55%)。所获得的纤维单向分布复合材料结构均匀,纵、横向的热导率为 200 ~ 300 W/mK,纵向热膨胀系数为 4×10^{-6} K(接近 W 的水平),横向热膨胀系数为 $(18 ~ 20) \times 10^{-1}$ K,抗弯强度为 1.25 ~ 1.45 GPa,复合材料密度为 13 ~ 14.6 g/cm^3。

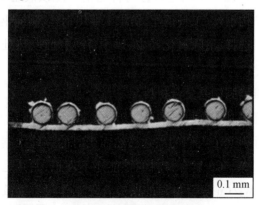

0.1 mm

图 3.12 在 W 纤维表面电化学沉积铜层之后再与铜箔合成的单层材料

图 3.14 为采用压力浸渗工艺制备的高体积分数(63% ~ 78%)的单向排布 W_f/Cu 铜基复合材料,其显微组织均匀,热导率为 180 ~ 240 W/mK,纵向热膨胀系数为 $(4 ~ 6) \times 10^{-6}$ K,横向热膨胀系数为 $(11 ~ 14) \times 10^{-6}$ K,抗拉强度为 1.75 ~ 2.0 GPa,抗弯强度为 2.7 ~ 3.1 GPa。

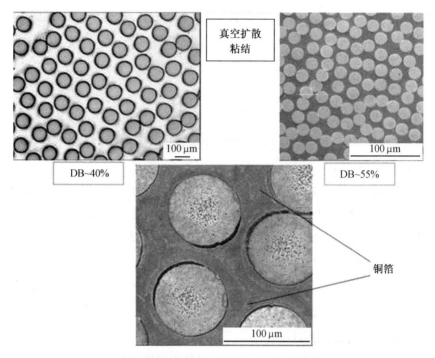

图 3.13　采用真空扩散黏结法制备 W_f/Cu 铜基复合材料

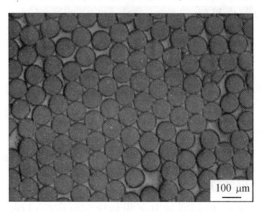

图 3.14　采用压力浸渗工艺制备的单向分布 W_f/Cu 铜基复合材料

近期,人们采用中间铸型法制备了 $W_f/Cu_{82}Al_{10}Fe_4Ni_4$ 复合材料[30]。在复合材料中加入 Al,Fe,Ni 等元素的目的是提高复合材料的界面结合强度。研究发现,合金元素对该复合材料作用一方面改善了界面结合,另一方面在基体合金中形成弥散强化的作用。动态压缩试验表明,复合材料有明显的高温软化行为,在 20 ~ 400 ℃,复合材料的破坏全部出现在钨纤维内,说明 $W_f - Cu_{82}Al_{10}Fe_4Ni_4$ 合金之间的界面结合很强。而在 600 ℃时,钨丝或铜合金基体中的破坏也站一定比重,而且也出现了铜合金基体的熔化现象。

3.2 二维及三维增强铜基复合材料

二维及三维织物增强铜基复合材料常被开发为在特殊领域具有特定优异性能的结构功能材料来使用。与非连续增强及单向纤维增强铜基复合材料相比,它具有许多突出的优点,如厚度方向和横向的增强效果更好,性能各向同性好,而且有高比强度、高损伤容限、高断裂韧性、耐冲击、抗分层、抗开裂和抗疲劳等优异性能。此外,该类复合材料具有优良的可设计性,可按实际需要来设计纤维的体积分数和排列方式,还可制造复杂形状的部件和一次完成组合件。

按增强体的空间取向不同,它又可以分为二维连续增强铜基复合材料和三维增强铜基复合材料。

3.2.1 二维连续增强铜基复合材料

二维连续增强铜基复合材料中的增强体是以二维分布的形式对铜基体进行增强的。根据制备工艺及增强体的组成形式不同,主要包括二维正交铺层连续增强铜基复合材料和二维织物复合材料两大类。

斯洛伐克的 Korab 等[31] 在二维正交铺层(图 3.15)和二维织物(图 3.16)增强铜基复合材料方面做了大量的工作。他们采用扩散黏结工艺制备了复合材料。首先,他们通过电沉积和化学沉积的过程在碳纤维上形成厚度为 1 ~ 2 μm 的铜涂层,并控制铜的含量使最终的复合材料中纤维的体积分数为 40% ~ 60%。然后,采用纤维定向排列的五层复合材料来制备二维正交铺层复合材料,在 100 MPa,600 ℃的真空条件下采用热压扩散黏结合的方式热压 15 min。其中,部分样品的叠层之间加入厚度为 0.06 mm 的铜箔。

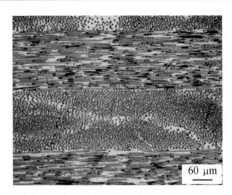

图 3.15 正交铺层 C_f/Cu 复合材料

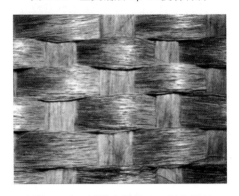

图 3.16 C 纤维束织物/Cu 复合材料

　　他们测试了复合材料在两个不同方向上的热膨胀系数。对于正交铺层复合材料(纤维体积分数为57%),在-20～300 ℃加热和冷却时的热膨胀系数的平均值约为 6.5×10^{-6}/℃ 到 3.5×10^{-6}/℃。随着纤维含量的增加,热膨胀系数减小。如果采用碳纤维织物作为复合材料的增强体,在高温下的热膨胀系数更高一些。

　　他们还采用真空扩散黏结法制备了体积分数为50% 二维 W 纤维/Cu 正交铺层(0°～90°)复合材料(图 3.17),基本性能为:密度为 13.6 g/cm³,x 和 y 向的 CTE 为 $(5～7)\times10^{-6}$ K,z 向的 CTE 为 $(17～20)\times10^{-6}$ K,x 向的热导率为 185 W/mK,z 向的热导率为 130 W/mK。采用气压浸渗法制备的增强体体积分数为 10% 的 W/Cu 织物复合材料(图 3.18)性能为:密度为 9.9 g/cm³,x 和 y 向的 CTE 为 $(4～16)\times10^{-6}$ K,z 向的 CTE 为 $(18～22)\times10^{-6}$ K,z 向的热导率为 299 W/mK。

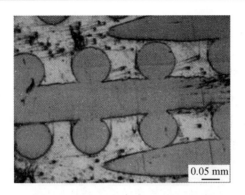

图 3.17 采用真空扩散黏结法制备的 2D W 纤维/Cu 正交铺层(0°~90°)复合材料

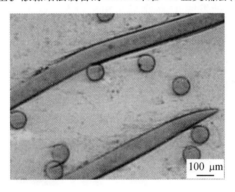

图 3.18 采用气压浸渗法制备的 W/Cu 织物复合材料

国内在炭-铜纤维整体织物、炭-铜基复合材料的材料设计和制备方法方面也取得一定的进展,并获得了发明专利[32]。该复合材料以炭纤维束和铜丝组合编织成二维网,然后在层间均匀撒入粒度≤10 μm 的石墨粉进行叠层,再用炭纤维束与铜丝组合纵向贯穿,进行化学气相渗透(80~120 h)得到密度为 1.8~3.0 g/cm³ 的炭铜复合坯体。然后由 Cu 粉和 Ti 粉混合而成配制熔渗剂;在 1 100~1 500 ℃的真空条件下用熔渗剂粉末熔渗包埋复合坯体。该复合材料具有比目前的炭/铜复合材料更高的力学性能,同时具有优异的自润滑耐磨性和高导电性。

3.2.2 三维织物及其复合材料

1. 三维织物及其复合材料概述

三维织物是在二维编织的基础上发展而成,其中的纤维既在二维平面内穿过,又在厚度方向相互交织,形成一个三维的整体织物。三维纺织结构复合材料具有贯穿于厚度方向的纤维束,三维增强结构的整体性好,因而具有极高的断裂韧性和抗分层能力,在冲击载荷下不发生分层现象。借助三维纺织技术可以对特殊部位的异型结构件进行一次成型制造复杂外形的复合材料结构件,避免因材料拼接而导致的结构缺陷,在冲击加载或高频加载的极端场合中有很好的应用潜力。

从 20 世纪 60 年代末期开始,人们就已开始研究三维织物复合材料,主要探索多向纤维增强复合材料在航天工程中的应用,美国通用电气公司根据常规的编织原理发明了万象编织机。此后 10 年,欧美国家继续发展了编织机和开发了磁编织技术,促使三维编织得以迅速发展。

与单向纤维和二维织物相比,三维织物的整体性更好,因而力学上更加合理。三维织物在各个方向上不分层,形成一个整体而不容易发生剥层破坏;它还可以根据产品的性能和用途来调节纤维编织体的几何参量及纤维体积含量,从而实现复合材料产品的优化设计,明显减少后续加工。三维织物的整体性还提高了复合材料的抗损坏性,使材料具有较高的损伤容限[33]。

以三维织物预成型件作为增强体与其他各类基体复合而成的复合材料具有高强度、高刚度、抗冲击性能好等优点,在很多现代技术领域显示出独特的优势。三维编织结构复合材料最早被应用于运载火箭的表面热屏蔽层,然后被应用于民用运输机的龙骨区和机窗等机身部分代替原来的钢制件,在满足同样的强度和刚度要求时可减重 70% 左右。但是由于编织预成型件的生产效率还较低,因此,该复合材料在民用领域的应用还比较少。

2. 三维织物增强铜基复合材料

近年来,三维编织结构金属基复合材料的研究取得了一定的进展[31]。铜及其合金由于密度大且熔点高,采用除粉末冶金以外的工艺来制备复合材料存在一定的技术难题,而采用三维连续纤维增强铜基复合材料的研究还处于探索起步阶段,材料设计、微观结构和制备工艺等方面的基础问题都有待解决。

近期已报道了铜铅轴承合金作为基体材料的三维织物连续增强铜基

复合材料的探索[34]。采用铜铅轴承合金作基体材料首先是它的熔点较低,可有效防止碳纤维损伤和简化复合材料制备工艺;其次,铜铅轴承合金的断裂强度和韧性较低,三维连续碳纤维增强的骨架结构可全面提升轴承材料的力学性能;此外,与其他铜合金材料相比,铜铅轴承合金的声阻尼性能更好,以它为基体制备轴承复合材料,其复合界面对声波有吸收和散射作用,可进一步提高材料的声阻尼特性。

采用三维编织的方法将连续纤维制成预制体(图3.19),以铜铅合金粉末为基体,通过粉末冶金工艺先将预制体用冷等静压的方法使粉末致密化,再通过真空烧结的方法将其固化。分析发现,碳纤维在烧结过程中受到了严重的损伤,所制得的复合材料性能仅为理论值的42.35%,因此其成型工艺有待进一步研究。

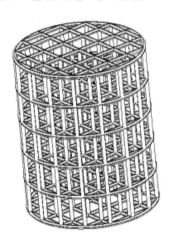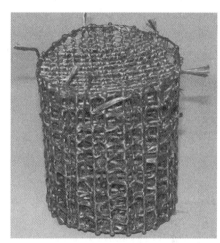

图3.19　碳纤维三维编织框架模型和实物图

3.3　三维网络结构陶瓷增强铜基复合材料

3.3.1　三维网络结构陶瓷/金属复合材料概述

三维网络结构陶瓷增强复合材料由于具有金属-陶瓷相界面积大的特点,因此最早是被探索应用于机床支承构件或轴承等减震部件。该复合材料中的增强体和增韧体在三维空间网络互穿分布,形成的三维连通骨架结构可有效地传递应力,抑制基体合金的塑性变形和高温软化,大幅度地提高复合材料的综合性能[35~37]。此外,这类复合材料的制备成本较低,而且和传统的金属基复合材料相比,它失效的危险性大大降低。通过控制网络陶瓷增强体的孔隙率,使得复合材料有很好的可设计性。

三维网络陶瓷制备技术上的发展推动了相应的金属基复合材料的研究。目前已开发的三维网络结构增强金属基复合材料制备工艺,包括真空压力浸渗法、无压浸渗法、挤压浸渗法等[38,39]。例如,可利用二氧化硅先驱体陶瓷在液相铝中的反应,通过原位反应浸渗法制备陶瓷和金属两相交织连通的氧化铝/Al复合材料,该工艺可有效地控制先驱体的成分和微观结构、反应池的成分,获得所需的复合材料结构和性能。再如,首先采用反应烧结法制备孔隙尺寸为$0.08 \sim 1 \ \mu m$的三维网络陶瓷体,然后通过真空压力浸渗法制备三维网络陶瓷体体积分数超过75%的铝基复合材料,获得的材料致密度高于99%。其他例子还包括,采用泡沫塑料先驱体挂浆成型法制备三维骨架结构碳化硅多孔陶瓷预制体,再使用无压浸渗工艺制备三碳化硅/铝合金复合材料;采用挤压铸造法制备了SiC泡沫陶瓷与SiC颗粒混杂增强Al基复合材料;采用挤压浸渗制备三维连续网络结构SiC/Cu合金和SiC/Al合金复合材料,等等。

目前,三维网络结构增强金属基复合材料的界面结构、界面力学及其对复合材料的影响是备受重视的问题,而低成本高效率的材料制备工艺则被认为是该复合材料发展的关键。

3.3.2 三维网络结构陶瓷/铜基复合材料的制备

三维网络陶瓷增强金属基复合材料的制备主要包括原位反应复合法和多孔陶瓷预制体浸渗法。原位反应复合法是使液态金属与增强相发生原位化学反应或是自身分解生成微结构连续且与金属基体相容性好的组成相的方法,但是它的应用受到反应体系的限制,可制备的复合材料的种类比较有限,而且较难通过控制制备工艺来获得所需的微观结构。多孔陶瓷预制体浸渗法则是先制备具有连通孔隙的预制体,然后采用液态金属对其进行浸渗,保持一定时间之后凝固成型。由于该法可根据需要来设计微观结构和选择复合材料体系,适用面更广,因此已成为当前制备三维网络结构金属基复合材料的主要方法。本节将主要介绍该工艺。

1. 多孔陶瓷预制体的制备方法

采用浸渗法制备三维网络结构金属基复合材料首先要得到所需孔隙率和性能的多孔陶瓷预制体,目前已研制了泡沫塑料先驱体挂浆成型法、陶瓷泡沫成型、陶瓷粉末烧结、溶胶–凝胶法等工艺来制备多孔陶瓷预制体。近年来随着微波加热工艺、颗粒堆积工艺、注凝成型工艺、凝胶铸造工艺、模板添隙工艺、自蔓延高温合成法等新技术的发展,也推动了多孔陶瓷材料及其复合材料的发展[40~42]。而不同的制备方法所获得的多孔陶瓷预制体的孔隙尺寸有较大的变化范围,例如溶胶–凝胶法制备所得的孔隙尺寸为几纳米,冷冻–干燥工艺的孔隙尺寸为几微米,而有机泡沫浸浆法制备预制体孔隙尺寸则达到几毫米。

泡沫塑料先驱体挂浆成型法可获得连通的网状孔隙的陶瓷材料,是目前应用最为广泛的多孔陶瓷制备方法。该法采用聚氨酯泡沫塑料为先驱体,浸入由陶瓷粉末、黏结剂、助烧结剂、悬浮剂等制成的涂料中,使陶瓷涂料均匀地涂敷于载体骨架而成为坯体,然后进行烘干及热处理,获得开口孔隙率达到80%~90%的多孔陶瓷。泡沫塑料先驱体材料及陶瓷浆料的选择是采用该法制备多孔陶瓷的关键,从而有效地控制泡沫塑料先驱体的孔径大小和浆料的涂覆厚度,得到所需的泡沫陶瓷孔径尺寸。该工艺操作方便、生产成本低、设备简单,适于批量生产及产业化;但是该法仍有几个问题尚需解决,包括原材料对多孔陶瓷预制体的性能的影响较大,目前工艺所得到的预制体的力学性能分散性还比较大,同时该法的烧结过程会产生废气污染,等等。例如,研究了多种途径来提高多孔陶瓷预制体的强度:在浸渍之前,对泡沫塑料先驱体的表面喷涂有机纤维,以增加网络孔壁上的泥浆层厚度;或是选用氧化铝纤维、玻璃纤维、碳纤维等加强多孔陶瓷预制体的强度;对浆料进行脱气处理来改善浆料的流变特性,增加前驱体上的浆料涂覆量以及结构的均匀性,也能提高网络多孔陶瓷的力学性能。

自蔓延高温合成技术是制备三维网络结构预制体的另一个重要方法,

它是利用燃烧过程中的快速反应来合成陶瓷材料,高的温度梯度有助于形成孔隙率高而且相互连通的网络状骨架结构。该法的优点是能耗小、生产周期短、工艺简单。但是常会生成比例较高的闭合孔隙,不利于直接采用液态金属来合成复合材料,需要加入造孔剂以增加多孔(特别是开放连通孔)反应物的形成率[43]。

2. 三维网络结构陶瓷/铜基复合材料制备

多孔陶瓷预制体浸渗法是目前制备三维网络结构陶瓷/金属基复合材料的主要方法。根据浸渗过程的压力状态不同,又可分为真空压力浸渗法、挤压浸渗法、无压浸渗法等几类。

真空压力浸渗法首先对预制件进行抽真空处理,然后用高压惰性气体将金属液体压入其中,使液态金属在内外压力差的作用下凝固,与预制件复合生成组织致密的复合材料。

挤压浸渗法是通过挤压铸造的方法将液态金属强行压入多孔陶瓷预制件中,使其进行非反应浸渗,并在压力下凝固形成连续网络结构复合材料。该工艺要求网络陶瓷预制件具有较高的强度,以避免在较高的压力下受到液态金属压力浸渗时发生变形破坏。

无压浸渗法则是利用了浸渗时负的毛细压力可使液态金属缓慢自发地浸渗预制体而凝固形成复合材料的原理。该法不需采用高压设备,因而成本较低,制备工艺简单,并且可制作大型复杂构件,同时可以根据性能需要来灵活调节三维连续网络陶瓷增强体的体积分数。但是它受到合金成分、浸渗温度、浸渗时间、环境气氛等因素的影响较大,因此需要较严格地掌握好工艺参数。

目前的三维网络结构陶瓷/金属基复合材料的制备方法通常以铝基复合材料为主。由于铜及其合金的熔点比铝合金高出较多,因此其三维网络结构陶瓷增强复合材料浸渗工艺的开发更加困难。目前,采用挤压铸造法制备三维网络 SiC 增强铜基复合材料相对成熟。例如,先驱体泡沫浸渍法制备三维网络骨架增强体,再用无水乙醇及去离子进行三维网络 SiC 骨架的超声清洗,再烘干之后,和模具一起预热至浇注温度时,将 SiC 骨架放入模具并浇注铜合金熔液,施加压力使之复合成型,获得三维网络 SiC/Cu 复合材料[44]。对复合材料的分析表明,该法制备的三维网络 SiC/Cu 复合材料的凝固组织是比较均匀的等轴晶。三维网络 SiC 陶瓷骨架对铜合金基体具有细化晶粒、均匀组织和减轻偏析的作用,削弱了铸造压力、浇注温度等工艺参数对凝固显微组织的影响。SiC 骨架孔径的减小有细化晶粒、减轻偏析和抑制铅的偏聚等良好作用。

3.3.3 三维网络陶瓷/铜基复合材料的组织与性能

三维网络陶瓷/铜基复合材料中的陶瓷增强体和铜基体都在三维空间呈交织网络结构的连续分布,具有与传统的连续增强复合材料完全不同的空间拓扑结构形式,因此具有显著的性能优势[44~46]。首先该类复合材料可以容纳更高体积分数的三维空间连续分布陶瓷相,因此可显著降低复合材料的密度,提高材料的比力学性能。其次,复合材料中的两相均为连续分布,可有效地发挥网络陶瓷骨架的刚性和金属铜的韧性,显著提高了复合材料在冲击和高温条件下的承载能力,获得高的可靠性。此外,该类复合材料克服了传统的连续纤维单向增强或普通的叠层、二维分布等形式的铜基复合材料中结构与性能的各向异性或局部各向异性的不足,可最大限度地发挥三维网络陶瓷和铜基体的性能优势。而且三维连续网络结构的陶瓷增强体还可以有效地阻碍铜基体的晶粒粗化,促进了材料的强韧化。

三维网络陶瓷/铜基复合材料的室温干滑动摩擦磨损性能远优于铜合金,而且随着三维网络 SiC 体积分数、温度及载荷的增加,复合材料的耐磨性显著提高。分析发现,三维网络 SiC 的结构可有效地制约铜基体的塑性变形和高温软化,使磨损表面的氧化膜得以较好地保存,因此摩擦系数可在较大的载荷及温度范围内保持稳定;而且三维网络 SiC 在磨损表面可形成硬的微突体,起到承载作用,有助于提高复合材料在高温和高载荷条件下的耐磨性。

3.4 连续增强铜基复合材料的制备方法

作为铜基复合材料的主要承载相,连续增强体的排列方式及其与基体的界面结构均对复合材料的性能有很大影响,而这些均与材料的制备工艺有重要的联系。连续增强铜基复合材料中的增强体又分为单向纤维、双向纤维、三维编织物、三维网络陶瓷等不同种类及排布方式,因此其制备工艺很复杂,复合材料的微观组织很不容易控制。制备该类复合材料通常需要先采用物理、化学或机械的方法将增强体单独制成预制体,或与铜基体制成丝、片、带等形式的复合材料预制体,然后再将预制体与铜复合成型。其总体制备工艺流程如图 3.20 所示。由于在前面已对部分连续增强铜基复合材料的制备工艺做过简介,本节将主要针对该类复合材料的整体特征,从制备原理上进行介绍。

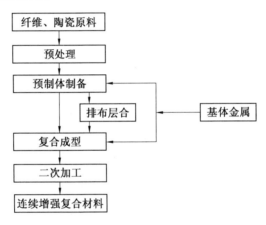

图 3.20 总体制备工艺流程

根据制备过程中铜基体的状态不同,可将连续增强铜基复合材料的复合成型工艺分为固态复合成型法与液态复合成型法两种。前者既固相扩散结合法,基体铜原子在较小的塑性变形条件下,于高温下相互扩散而实现结合。根据加压特点不同,固态复合成型法又可分为热压法和热等静压法。液态复合成型法是将金属液浇入纤维预制件中,在高温下凝固成型获得复合材料,具体的工艺包括真空吸铸法、加压凝固铸造法及压铸法等。

3.4.1 热压固结法

热压固结法也称为真空扩散黏结法,通常是在真空或惰性气体环境下进行,可以有效地避免铜基体的氧化,是目前制备连续碳纤维、连续 SiC 纤维和金属纤维增强铜基复合材料的主要方法,尤其适用于高体积分数的长纤维增强铜基复合材料的成型。该法首先要将连续纤维与铜基体制成复合材料预制片,再按设计要求裁剪成所需的形状并进行叠层排布(有时候也可在叠层时添加所需数量的铜箔以调整铜基体的体积分数),然后放入模具内进行加热加压,使铜基体发生塑性变形和流动,逐渐充填在增强纤维的空隙中制得铜基复合材料。其工艺流程如图3.21所示。由于预制片的结构和性能决定复合材料的最终性能,因此它的制备工艺十分重要,目前已开发了等离子喷涂法、液态金属浸渗法和箔黏结法三种工艺。

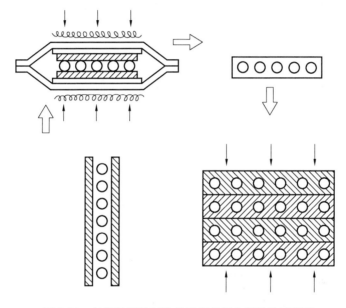

图3.21 扩散黏结法制备单层铜基复合材料的示意图

温度和压力的控制是热压固结工艺最为重要的部分。为了保证铜能充分地填充纤维之间所有的孔隙以保证扩散黏结的效果,需要选择接近铜基体的固相线温度以使其软化;但是热压温度又不能过高以免纤维与基体之间发生反应而降低纤维的性能并使界面结合变差。为了选好热压压力,则要充分考虑铜基体、连续纤维的性能,以及热压温度和保压时间等多种因素。

目前,已成功地采用热压固结法制备与铜有较好相容性的W、Mo等金属纤维增强铜基复合材料。对于连续碳纤维,由于它与铜之间有很大的热膨胀系数差,在高温合成时容易在界面区域形成较大的应力而削弱复合材料的性能,而且它在高载荷下容易折断,铜的塑性流动也容易造成碳纤维束的偏聚。因此,对于连续碳纤维增强铜基复合材料,可通过预氧化法在镀铜层表面形成氧化层,使其在高温下不易发生塑性变形,增加高温热压过程中碳纤维增强体的排列稳定性,减轻组元的偏聚现象,最后在热压时再通入氢气将其还原即可。

由于热压固结法制备连续纤维增强铜基复合材料是在加压条件下进行烧结,避免了常规粉末冶金工艺可能造成的纤维回弹而引起的密度下降,可制得致密度高、界面结合良好的铜基复合材料。该法通常是在较低的温度和压力下进行,因此纤维的损伤小,有助于提高复合材料的综合性能。该工艺的不足之处是需要先将纤维和铜基体制成丝、带、片等形式的预复合件,再进行优化排布和热压成型,因此工序较复杂,制备成本较高,不利于大规模批量生产。

3.4.2 热等静压法

热等静压是热压固结法制备连续纤维增强铜基复合材料的一种工艺。它在高温高压密封容器中,以高压氩气为介质,对其中的粉末或待压实的烧结坯料施加各向均等静压力,形成高致密度坯料或零件的方法。在粉末冶金工业中,热等静压法制备的材料通常可获得均匀的细晶粒组织,能避免传统铸造法制备铸锭的宏观偏析,提高材料的工艺性能和机械性能。该法制备连续增强铜基复合材料的工作原理是先将纤维与铜基体制成所需体积分数、排列方式的复合材料预制片,叠层之后放入金属包套中,再抽气密封并装入热等静压装置中加热、加压,实现材料的热致密化。可以采用氮气和氩气等惰性气体为加压介质来制备铜基复合材料。

该法具有热压和等静压的优点,加热温度范围较宽而且可控,可获得形状和尺寸精确的复合材料产品,适合于制备纤维定向排列及二维排布的铜基复合材料。

3.4.3 液态金属无压浸渗法

液态金属无压浸渗法先将碳纤维、金属纤维或陶瓷等制成所需孔隙率和纤维排列方式的多孔预制件,然后在无压差的条件下,利用浸渗时负的毛细压力使液态铜自发浸渗预制体,最终自然凝固获得复合材料。

由于 C、SiC 等增强纤维与液态铜往往既不润湿也不反应,较难使液态铜自发浸渗进入预制件中的微小孔隙中,尤其是对于由几千根细纤维组成的碳纤维丝束来说更不容易,所以采用该法制备连续增强铜基复合材料时需要改善液体铜对纤维的浸润性以及界面的稳定性。目前主要通过纤维表面改性处理、基体合金化、纤维表面涂覆中间层三种方式来改善无压浸渗的效果。该法不需要高压设备,因而成本相对较低。而且增强体的体积分数可根据性能需要来灵活调整,可制备大型的复杂构件;它还能有效地避免固态法中常因外力作用而造成的纤维损伤,使预制件很好地保持原来的增强体分布形式。但该法需要严格地控制生产过程中的合金成分、浸渗温度、浸渗时间、环境气氛等因素,才能得到好的复合材料的性能,否则会出现性能的分散现象。

3.4.4 真空压力浸渍法

真空压力浸渍法适用于制备连续纤维以及三维网络陶瓷增强铜基复合材料。首先要将纤维按设计要求的含量、分布和排列方向制成预制件,或是采用3.3节中的工艺制成三维网络陶瓷预制件;然后将预制件放入模具中进行底部抽真空以形成负压,排除预制件内的气体,利用气压将液态铜压入预制件中,冷却凝固获得复合材料,其工艺流程如图3.22所示。由于液态铜是在真空下进行浸渍并在压力下凝固,所以形成的铜基复合材料可有效地避免气孔、疏松等铸造缺陷,微观组织致密且综合性能良好。真空压力浸渍法所用的预制件需要有较高的高温抗压性能,以防止由于预制件内外的压差而在其内部形成的纤维位移或局部的破坏。预制件的制备和工艺参数(包括预制件预热温度、铜的熔体温度、浸渍压力和冷却速度等)的控制是该法制备连续增强铜基复合材料的关键。

该法工艺简单、可制备尺寸精确的零部件,生产效率高,但是所用的设备较昂贵,不适用于尺寸较大的复合材料零部件。

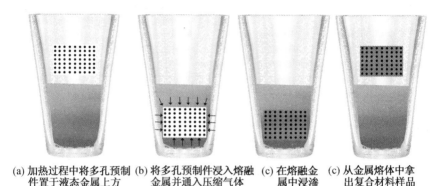

(a) 加热过程中将多孔预制   (b) 将多孔预制件浸入熔融   (c) 在熔融金   (c) 从金属熔体中拿
件置于液态金属上方   金属并通入压缩气体   属中浸渗   出复合材料样品

图 3.22   压力浸渍法的工艺流程图

3.4.5   挤压铸造法

挤压铸造法是制备连续增强铜基复合材料的一种有效方法,它直接将熔融态金属注入敞口模具中,使其发生流动并填充制件外部的形状,然后通过高压使已凝固的金属产生塑性变形,未凝固金属承受等静压发生高压凝固,从而获得复合材料制件。

采用挤压铸造制备连续增强铜基复合材料之前,要先将所需的纤维以设计的形式制成一定形状的预制件,烘干预热之后放入模具中,再将熔融的金属铜浇注入模具中并加压,使液态铜在压力下浸渗入预制件中并凝固,与连续纤维或三维网络陶瓷复合,形成组织致密的铜基复合材料。预制件的制造和液相渗透过程对工艺效果影响很大。预制件的强度影响到液态铜在压渗过程中是否会造成增强体的局部破坏或分布的变化;而预制件温度、熔体温度、浸渗压力及冷却速度等工艺参数则对界面反应、界面元素富集、界面结合强弱等造成大影响,因此上述参数的有效控制是获得良好复合材料界面的关键。

该法同时实现铜基体的高压凝固和塑性变形,因此铜基复合材料的缩孔、缩松等宏观缺陷很少,具有很高的力学性能,提高了金属铜的利用率高,同时显著减少了后续的处理工序,有助于降低生产成本。目前已成功采用挤压铸造法制备了 C_f/Cu,SiC_f/Cu 以及三维网络陶瓷/Cu 等铜基复合材料,然而,由于挤压铸造法需要对铜基体及连续增强体加压,因此会造成纤维的偏聚或是应力集中现象而发生低应力破坏,需要控制好浸渗压力的范围。

参考文献

［1］唐纳特 J B,班萨尔 R C.碳纤维［M］.李仍元,过梅丽,等译.北京:科学出版社,1989.

［2］贺福,王茂章.碳纤维及其复合材料［M］.北京:科学出版社,1995.

［3］贺福.碳纤维及石墨纤维［M］.北京:化学工业出版社,2010.

［4］BERNER A, FUKS D, ELLIS D E, et al. Formation of nano-crystalline structure at the interface in Cu-C composite［J］. Applied surface science, 1999, 144: 677-681.

［5］SILVAIN J F, LEPETITCORPS Y, SELLIER E, et al. Elastic Moduli, Thermal Expansion and Microstructure of Copper-Matrix Composite Reinforced by Continuous Graphite Fibres ［J］. Composites, 1994, 25(7): 570-574.

［6］KORB G, KORAB J, GROBOTH G. Thermal expansion behaviour of unidirectional carbon-fibre-reinforced copper-matrix composites ［J］. Composites Part A: Applied Science and Manufacturing, 1998, 29(12): 1563-1567.

［7］BERNER A, FUKS D, ELLIS D E, et al. Formation of nano-crystalline structure at the interface in Cu-C composite［J］. Applied surface science, 1999, 144: 677-681.

［8］WAN Y Z, WANG Y L, LUO H L, et al. Effect of metal diffusion barrier on thermal stability of metal-coated carbon fibers［J］. Journal of materials science, 2001, 36(11): 2809-2814.

［9］WAN Y Z, WANG Y L, LUO H L, et al. Effects of fiber volume fraction, hot pressingparameters and alloying elements on tensile strength of carbon fiber reinforced copper matrix composite prepared by continuous three-step electrodeposition[J]. Materials Science and Engineering: A, 2000, 288 (1): 26-33.

[10] Li Yu, Bai Ping. Fabrication and fibre matrix interface characteristics of Cu/C (Fe) composite[J]. Science of Sintering, 2009, 41(2): 193-199.

[11] 李政, 许少凡. 碳纤维对镀铜石墨-铜基复合材料性能的影响[J]. 热加工工艺, 2004 (4): 41-41.

[12] KORAB J, ŠTEFáNIK P, KAVECKY Š, et al. Thermal expansion of cross-ply and woven carbon fibre-copper matrix composites [J]. Composites Part A: Applied Science and Manufacturing, 2002, 33(1): 133-136.

[13] STEFANIK P, SEBO P. Thermal expansion of copper-carbon fiber composites[J]. Theoretical and applied fracture mechanics, 1994, 20 (1): 41-45.

[14] 甘永学, 陈汴琨, 吴云书, 等. 碳纤维增强铜基复合材料摩擦与磨损行为的研究[J]. 金属科学与工艺, 1989, 8(2): 13-14.

[15] 胡勇, 吴渝英. 连续碳 (石墨) 纤维增强铜基复合材料的摩擦磨损行为[J]. 上海金属, 1997, 19(2): 49-53.

[16] 高强, 吴渝英, 张国定, 等. 碳纤维对铜-石墨复合材料性能的影响[J]. 中国有色金属学报, 2000, 10(1): 97-101.

[17] 徐顺建, 张萌, 付绍云. 叠层压铸法制备纳米碳纤维/铜基复合材料[J]. 材料科学与工艺, 2007, 15(4): 503-506.

[18] OKU T, OKU T. Effects of titanium addition on the microstructure of carbon/copper composite materials [J]. Solid state communications, 2007, 141(3): 132-135.

[19] Liang Yunhong, Yang Yaseng, Wang Huiyuan, et al. Evolution process of the synthesis of TiC in the Cu-Ti-C system[J]. Journal of Alloys and

Compounds, 2008, 452(2): 298-303.

[20] 胡锐, 李海涛, 薛祥义, 等. Ti 对 C/Cu 复合材料界面润湿及浸渗组织的影响[J]. 中国有色金属学报, 2008, 18(5): 840-844.

[21] 孙守金, 张名大. 镀 Cu-Ni 的碳纤维及其复合材料[J]. 金属学报, 1990, 26(6): 433-437.

[22] Tao Zechao, Guo Quangui, Gao Xiaoqing, et al. Graphite fiber/copper composites with near-zero thermal expansion[J]. Materials & Design, 2012, 33: 372-375.

[23] 张卫中, 陆佳佳, 马小民, 等. 连续 SiC 纤维制备技术进展及其应用[J]. 航空制造技术, 2012(18): 105-107.

[24] PELLEG J S, RUHR M, GANOR M. Control Of The Reaction At The Fibre-Matrix Interface In A Cu/SiC Metal Matrix Composite By Modifying The Matrix With 2.5 Wt.% Fe [J]. Materials Science and Engineering A, 1996, 212(1): 139-148.

[25] BRENDEL A, POPESCU C, LEYENS C, et al. SiC-fibre reinforced copper as heat sink material for fusion applications[J]. Journal of Nuclear Materials, 2004, 329(1): 804-808.

[26] BRENDEL A, POPESCU C, SCHURMANN H, et al. Interface modification of SiC-fibre/copper matrix composites by applying a titanium interlayer[J]. Surface and Coatings Technology, 2005, 200(1): 161-164.

[27] RAWAL S P. Metal-matrix composites for space applications[J]. JOM Journal of the Minerals, Metals and Materials Society, 2001, 53(4): 14-17.

[28] http://www.phd.sav.sk/index.php? ID=1088.

[29] NISHIDA M, HANABUSA T, IKEUCHI Y, et al. Neutron Stress Measurement of W-Fiber Reinforced Cu Composite [J]. Materialwissenschaft und Werkstofftechnik, 2003, 34(1): 49-55.

[30] Wu Zhe, Guo Quangui, Gao Xiaoqing, et al. High temperature fracture

behavior of tungsten fiber reinforced copper matrix composites under dynamic compression[J]. Materials & Design, 2011, 32(10): 5022–5026.

[31] KORAB J, STEFANIK P, KAVECKY S, et al. Thermal expansion of cross-ply and woven carbon fibre-copper matrix composites [J]. Composites Part A: Applied Science and Manufacturing, 2002, 33(1): 133–136.

[32] 冉丽萍, 杨琳, 易振华, 等. 炭纤维整体织物/炭–铜复合材料及制备方法: 中国, 200710034992[P]. 2008–01–23.

[33] 杨桂, 丛莉珍, 尚葆如, 等. 复合材料三维拯体编织结构技术与特性[J]. 复合材料学报, 1992, 9(1): 85–91.

[34] 姚燕. 连续纤维三维增强铜基复合材料预制体制备工艺与性能[D]. 江苏: 江苏科技大学材料科学与工程学院, 2007.

[35] 冯胜山, 王泽建, 刘庆丰, 等. 三维连续网络结构陶瓷/金属复合材料的研究进展[J]. 材料开发与应用, 2009, 24(1): 60–68.

[36] 王守仁, 耿浩然, 高绍平. 前驱体浸渍法制备金属基复合材料网络陶瓷预制体的工艺及进展[J]. 山东陶瓷, 2005, 28(1): 9–13.

[37] 周伟, 胡文彬. 三维连续网络结构增强金属基复合材料及其制备[J]. 科学通报, 1999, 44(6): 608–612.

[38] DAEHN G S, BRESLIN M C. Co-continuous composite materials for friction and braking applications [J]. JOM Journal of the Minerals, Metals and Materials Society, 2006, 58(11): 87–91.

[39] LA VECCHIA G M, BADINI C, PUPPO D, et al. Co-continuous Al/Al$_2$O$_3$ composite produced by liquid displacement reaction: Relationship between microstructure and mechanical behavior [J]. Journal of materials science, 2003, 38(17): 3567–3577.

[40] 乐红志, 田贵山, 崔唐茵, 等. 三维网络结构多孔氮化硅陶瓷增强体的制备[J]. 硅酸盐通报, 2012, 31(001): 136–139.

[41] 赵毅, 朱振峰, 贺瑞华, 等. 多孔陶瓷材料的研究现状及应用[J]. 陶

瓷，2008（7）：27–30.

[42] 张志金，王扬卫，于晓东，等.三维网络 SiC 多孔陶瓷增强铝基复合材料的制备[J].稀有金属材料与工程，2009，38(2)：499–499.

[43] 周伟，胡文彬.三维连续网络结构增强金属基复合材料及其制备[J].科学通报，1999，44(6)：608–612.

[44] 邢宏伟，曹小明，胡宛平，等.三维网络 SiC/Cu 金属基复合材料的凝固显微组织[J].材料研究学报，2004，18(6)：597–605.

[45] 谢素菁，曹小明，张劲松，等.三维网络 SiC 增强铜基复合材料的干摩擦磨损性能[J].摩擦学学报，2003，23(2)：86–90.

[46] 邢宏伟，曹小明，张劲松，等.三维网络 SiC/Cu 复合材料在 15W 油中的摩擦性能[J].摩擦学学报，2009，29(2)：109–115.

第4章 原位反应合成铜基复合材料

粉末冶金、挤压铸造、压力浸渗等传统工艺制备再加上增强铜基复合材料通常存在增强体与基体之间相容性较差、界面结合不良、工艺复杂、成本较高等问题,因此,近年来随着以铝、钛、镁等金属为基的原位反应合成复合材料的逐渐兴起,通过原位合成来实现铜基材料的复合强化已引起重视并取得了一定的发展。

4.1 原位反应合成金属基复合材料概述

4.1.1 原位反应合成金属基复合材料的发展

实际上,原位反应合成复合材料技术最早是应用在铜基复合材料的制备中的。1967 年,Merzhanov 等人首先采用 SHS 法合成了 TiB_2/Cu 功能梯度复合材料[1],但是此后较长的一段时期内这一概念没有受到重视,发展缓慢。随着 20 世纪 80 年代有多种原位合成铝基复合材料新体系相继被报道,该类材料及其制备工艺的研究工作又重新受到重视并且在最近的30 年中取得了快速发展。

原位反应合成法是通过在金属基体内发生反应,原位生成一种或几种增强相从而达到强化金属基体的目的。与传统的外加复合工艺相比,原位反应合成的增强体颗粒更加细小,因而复合材料具有更好的力学性能;尤其是反应生成的增强颗粒与金属基体之间不存在反应层,晶格匹配性好,界面强度高;而且生成的增强相是热力学稳定的化合物,因此复合材料在合成之后可进行铸、焊、时效等后续处理。这些性能优势使得原位反应合成复合材料很有希望实现产业化而获得广泛应用。

目前已经开发了 Al,Mg,Ti,Fe,Cu 等金属及其合金或 NiTi,AlTi 等金属间化合物作为基体的原位反应合成复合材料,这些材料作为结构材料或功能材料使用[2,3]。但是该类复合材料的基础理论和合成工艺等方面仍有很多尚待解决的问题。目前研究的原位反应体系还是以铝基和钛基复合材料为主,其他金属基体的复合材料研究还比较少,能合成力学和热学相容性均很好的增强体的反应合成新体系还很有限,需要进一步拓宽原位反应体系,尤其是针对不同基体的新体系的研究。由于该类复合材料的增强体是通过原位反应形成的,因此复合材料凝固过程中微观组织演变与增强体的数量和分布的关系的研究很重要,有助于推动新材料体系的设计开发和性能优化。

4.1.2 原位反应合成金属基复合材料的制备方法

目前适用于金属基复合材料的原位合成技术主要有气液反应合成法、Lanxide 法、反应喷射沉积技术、放热弥散复合技术(XD 技术)、自蔓延高温合成法(SHS)、反应机械合金化技术等。内氧化法是制备氧化物弥散强化金属基复合材料的常用方法之一,尤其在制备 Al_2O_3/Cu 复合材料方面取得了巨大的成功,其合成机理明显有别于传统的外加法制备复合材料工艺,因此本节也把它作为一种重要的原位合成方法进行介绍。

1. 气液反应合成法

气液反应合成法是将含有碳或氮元素的混合惰性气体通入高温金属熔体中,利用气体分解生成的 C 或 N 与合金中的元素发生快速化学反应,在金属熔体中生成细小的热力学稳定的碳化物或氮化物粒子[4]。例如采用甲烷(CH_4)或氨气(NH_3)在金属(M)中通过气液反应原位合成法生成 TiC 或 TiN 增强颗粒的反应原理如下所示:

$$CH_4(g) \longrightarrow C(s) + 2H_2(g) \tag{4.1}$$
$$2NH_3(g) \longrightarrow N_2(g) + 3H_2(g) \tag{4.2}$$
$$C(s) + MTi(l) \longrightarrow M(l) + TiC(s) \tag{4.3}$$
$$N_2(g) + MTi(l) \longrightarrow M(l) + TiN(s) + AlN(s) \tag{4.4}$$

为了使上述各个反应过程能顺利进行,通常需要有较高的合金熔体温度和尽可能大的气液两相接触面积,同时还要避免产生有害的化合物。

气液反应合成法的优点是复合材料的界面清洁、增强体颗粒尺寸小且分布均匀弥散、反应后的熔体可进行近净成形加工,等等。然而该法受到反应气体及相应合金熔体的限制,只能制备比较有限的复合材料体系(例如以铝、镍等为合金基体,AlN,TiC,TiN 等为增强相的复合材料)。此外,该法的反应温度高,基体的组织通常比较粗大,增强体的体积分数也较低;容易出现通入的混合气体过量或是反应不完全的现象,因此复合材料的凝固组织中会产生气孔,需要对铸锭进行后续处理以改善显微组织,增加了生产成本。图 4.1 为气液反应合成法制备金属基复合材料的装置示意图。

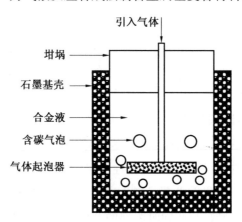

图 4.1 气液反应合成法的装置示意图

2. Lanxide 法

由美国 Lanxide 公司开发的 Lanxide 法[5]是利用气−液反应的原理实现复合材料制备的方法,包括金属直接氧化法(DIMOX™)和金属无压浸渗法(PRIMEX™)两个工艺。该法具有工艺简单、成本低、界面相容性好等优点。

直接氧化法(DIMOX™)可用于原位制备各类颗粒增强金属基或陶瓷基复合材料[6]。首先将液态金属暴露于氧化性气氛中发生氧化反应生成金属氧化物膜,使内部的金属通过氧化膜向表层的外部扩散,在空气中发生反复氧化,而形成金属氧化物增强复合材料。目前已采用直接氧化法制备出了 Al_2O_3 单一增强或是 Al_2O_3 和 SiC 颗粒混杂增强的铝基复合材料,而且可通过调整熔体温度或是添加适量的 Si,Mg,Cu,Ni 等合金元素来改变

Al_2O_3 的生长速度,获得所需体积分数的 Al_2O_3。

无压浸渗法(PRIMEX^{TM})则是利用液态金属在氧化或氮化性的环境气氛的作用下向陶瓷预制件渗透并与周围的气体发生氧化或氮化反应而生成新的增强粒子,获得原位合成的金属基复合材料。例如采用该法制备 AlN 与 Al_2O_3 颗粒混杂增强铝基复合材料时,先将 Al_2O_3 陶瓷预制件和 Al-Mg 合金锭一起放入氮气和氩气的混合气氛炉中,在 900 ℃ 的温度下保温使得 Al-Mg 合金锭向 Al_2O_3 陶瓷预制件的浸渗过程和它与氮气的化学反应过程同时完成,再冷却获得原位自生 AlN 颗粒与 Al_2O_3 颗粒(来自预制件)混杂增强的 Al-Mg 基复合材料[7,8]。无压浸渗法制备复合材料需要控制好温度、氮气分压和熔体成分等因素,以获得合适的合金熔体浸透速度,从而得到理想的原位自生 AlN 颗粒的数量和大小,以优化复合材料的微观组织和性能。

3. 反应喷射沉积技术

反应喷射沉积工艺是在液相反应和喷射沉积工艺基础上发展起来的一种快速凝固工艺。该工艺在氧化性气氛中将液态金属分散成大量细小的液滴,使其表面氧化生成金属氧化物膜,并在沉积过程中相互碰撞使表层氧化物膜破碎分散,与此同时内部的金属液快速凝固,获得金属氧化物弥散分布的金属基复合材料[9,10]。如果在反应喷射沉积工艺中通入反应气体(例如 CH_4,N_2,O_2 等)和 Ar,He,H_2 等的等离子气体,则高能等离子体对反应气体和喷射金属液滴的轰击作用将使其相互反应生成陶瓷颗粒,从而与金属液滴一起沉积得到陶瓷颗粒增强金属基复合材料。

反应喷射沉积技术结合了增强颗粒的反应合成与快速凝固于一体,不但细化了基体晶粒,有效地控制颗粒增强体的均匀分布、体积分数和粒度,还能得到良好的增强体-基体界面结合,因此所制备的复合材料具有良好的综合性能。该法适用于不同种类的金属基复合材料,可近净形成形,生产效率高,工艺成本低,具有良好的应用前景。

4. 放热弥散复合技术

放热弥散复合技术是将基体金属和反应物粉末按所需比例混合均匀,通过冷压或热压工艺成型之后,再加热到介于基体金属和增强体熔点之间的温度使各组分发生放热反应,从而在金属基体中生成细小、弥散的增强相,其原理示意图如图 4.2 所示。该法适用于不同的增强体种类的复合材料的合成,且增强体的含量与粒度可以准确地控制,并且能实现近终形成型;不足之处是合成的温度较高,需要保护气氛以免发生金属的氧化,使得工艺相对复杂。

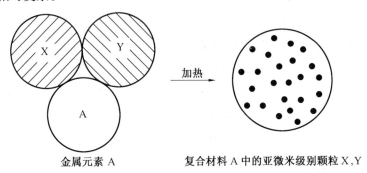

金属元素 A　　　　　　　复合材料 A 中的亚微米级别颗粒 X、Y

图 4.2　放热弥散复合过程示意图

作为合成颗粒增强金属基及金属间化合物基复合材料的最有效的工艺之一,放热弥散复合技术被成功地用来合成了铝、铁、铜、钛等基体的复合材料,也被用于原位反应合成 TiAl 和 Ti₃Al 等金属间化合物材料[11]。Kuruvilla 等人[12]将 Ti、Al、B 粉末在 200 MPa 压力下进行冷等静压,然后在氩气保护下于 800 ℃ 保温 15 min 使各组分发生放热反应,再通过轧制获得显微组织致密、增强体弥散分布的 TiB_2/Al 复合材料[13, 14]。

5. 自蔓延高温合成法

自蔓延高温合成法是 Merzhanov 等人[1]于 20 世纪 60 年代发明的。该法先将基体金属粉末与能反应生成增强体的原材料组元粉末均匀地混合,然后把混合粉末或是已制成具有一定致密度的预制件放入绝热容器中,利用外部能量引燃并诱发局部化学反应,形成化学反应燃烧波,通过反应热来维持化学反应的持续进行,使燃烧蔓延到整个体系获得所需的组成相(见图 4.3)。自蔓延高温合成法已被成功地应用于制备颗粒增强铝基、钛基、铜基、镁基等金属基复合材料[15]。

自蔓延高温合成法所需的能量主要来源于引燃,无需外加热源,因此能耗低,设备和工艺简单,比传统材料制备方法具有更高的效率和更低的

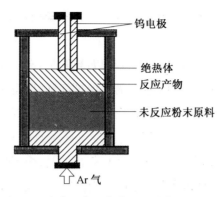

图4.3 自蔓延高温合成法试验装置图

成本。尤其是当反应体系放热量高时,燃烧波的温度或反应温度可超过
2 100~3 500 K,最高时甚至可以达到 5 000 K,远超过常规加热方法所能
达到的温度。燃烧引发的反应和蔓延速度非常高,可合成耐高温材料,而
较大的热梯度和较快的冷凝速度则能生成各种复杂的组成相,通过合理设
计能获得所需的高性能新材料。该法的不足之处是反应过程较难控制,快
速反应过程使得材料的致密度不够而需要进行后续的热压处理。

6.反应机械合金化技术

反应机械合金化技术是利用机械合金化过程中的自蔓延合成反应来
制备材料,是一种新型的复合材料原位合成方法。配制好的原材料混合粉
末在高能磨球的作用下发生反复的变形、冷焊、破碎等复杂的物理化学过
程,达到原子水平的合金化效果。机械合金化的初期,磨球的反复挤压首
先使混合粉末逐渐变成层状的复合颗粒;此后这些层状的复合颗粒又产生
新的原子面,结构不断细化,缩短了固态原子间的扩散路径,加速了元素之
间的合金化过程;随着球磨过程的进行,粉末硬化、位错增殖及内界面的增
加等因素为合金化过程提供了快速扩散通道,进一步加快了合金化及高温
自蔓延反应过程。

反应机械合金化技术可获得细晶的复合材料组织,通常基体相为超细
晶粒,其中的难熔金属间化合物颗粒增强相为纳米级;而且该法显著地提
高了粉末系统的储能,不但降低了致密化温度,还能获得组织均匀致密、综
合性能好的超细晶复合材料。同时,它的成本较低、适用性强,已被应用来

制备各类金属基或金属间化合物复合材料。

7. 内氧化法

内氧化法是制备氧化物弥散强化金属基复合材料的常用方法之一,尤其是在弥散强化 Al_2O_3/ Cu 复合材料的生产中取得了巨大的成功[16, 17]。在合金的高温氧化过程中,氧除了形成表面氧化物之外,还会在合金中溶解并扩散进入材料内部,与活泼组元发生反应而形成颗粒状氧化物,并沉积在合金内部形成颗粒增强体。需要指出的是,内氧化法的实现需要满足一定的合金组成和浓度条件,在纯金属中无法实现内氧化过程。

Al_2O_3 弥散强化铜基复合材料的内氧化制备工艺是由美国 SCM 公司开发成功的,已成熟地应用于 Glidcop 系列弥散强化铜基复合材料的生产。它首先将熔炼好的铜-铝固溶合金熔体雾化成粉末,然后与氧化剂混合,或是在低温条件下使粉末表面氧化生成 Cu_2O,再将混合粉末加热到高温,使分解生成的氧扩散到铝铜固溶合金颗粒中实现铝的内氧化,最后施加一定的外压烧结成型。

控制氧分压和减少在晶界处形成增强相是内氧化方法制备弥散强化铜基复合材料工艺的关键。采用基体金属的氧化物作为供氧源来制备氧化物增强复合材料较难实现大批量生产,为此需要采用气相法来形成弥散分布、细小且热力学稳定的 Al_2O_3 颗粒,并且还能够精确地控制增强相的体积分数。

4.2 原位反应合成铜基复合材料体系的热力学分析及其机理

随着过去十多年里有关原位反应合成铜基复合材料制备技术的发展,一些反应体系的热力学可行性已被探讨,部分已经被采用以指导新型材料的合成。本节选择几个典型的原位合成铜基复合材料反应体系为例来进行热力学分析。

4.2.1 Cu-Ti-C 体系[18~20]

Cu 和 C 元素之间的溶解度非常小,也不发生反应;而 Ti-C 和 Cu-Ti

体系则可能发生如下反应(见图4.4)：

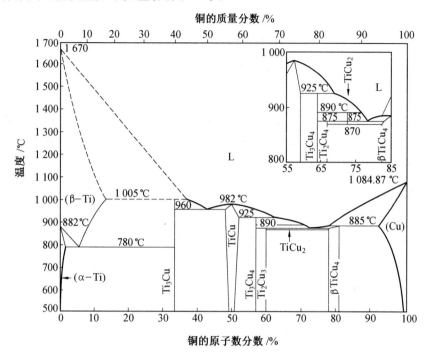

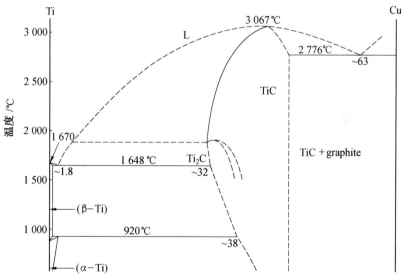

图4.4 Cu-Ti 与 Ti-C 二元相图

$$\text{Ti} + \text{C} \longrightarrow \text{TiC} \tag{4.5}$$

$$2\text{Ti} + \text{Cu} \longrightarrow \text{Ti}_2\text{Cu} \tag{4.6}$$

$$\text{Ti} + \text{Cu} \longrightarrow \text{TiCu} \tag{4.7}$$

$$3\text{Ti} + 4\text{Cu} \longrightarrow \text{Ti}_3\text{Cu}_4 \tag{4.8}$$

$$\text{Ti} + 4\text{Cu} \longrightarrow \text{TiCu}_4 \tag{4.9}$$

上述 5 个反应的标准吉布斯自由能 ΔG^0 随温度变化的函数关系如图 4.5 所示。可以看出,它们的标准吉布斯自由能 ΔG^0 均为负值,因此在热力学上是能自发进行的。在各种产物中 TiC 最为稳定,Ti_2Cu,TiCu,Ti_3Cu_4 和 TiCu_4 等金属间化合物均为亚稳相。因此采用原位合成技术将 Cu,Ti 和 C 合成 TiC/Cu 复合材料是热力学可行的。

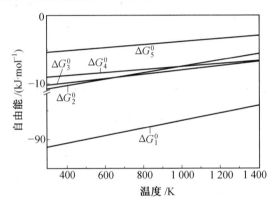

图 4.5　标准吉布斯自由能与温度的变化

例如,已采用反应球磨工艺制备 TiC-Cu 复合粉末,然后通过压制和烧结来原位合成 TiC 颗粒增强铜基复合材料[21]。球磨作用使粉末产生的高密度缺陷提供了短程扩散途径,Ti 和 C 原子向 Cu 原子晶格中进行固溶,同时 C 原子也固溶于 Ti 晶格中,固溶的 Ti 和 C 原子会逐渐向 Cu 的位错和晶界等缺陷处聚集,发生互扩散,形成大量的 Ti-C 扩散反应偶。当磨球之间的碰撞形成的局部温升超过反应温度时,将诱发自蔓延反应,在位错或晶界处生成 TiC 弥散强化相[22]。

4.2.2　Cu-B-Ti 体系

采用 Cu-B-Ti 三元系制备材料可能发生如下反应[23]:

$$Ti+2B \longrightarrow TiB_2 \qquad (4.10)$$

$$Ti+B \longrightarrow TiB \qquad (4.11)$$

$$Ti+Cu \longrightarrow TiCu \qquad (4.12)$$

图 4.6 为该体系中不同产物的反应自由能随温度的变化曲线。可以看出,TiB_2 最为稳定,而 TiCu 相的反应自由能的绝对值很小,因此反应生成的几率很低。而假设生成了 TiCu 相,它也会与 B 发生反应形成 TiB_2:

$$TiCu+2B \longrightarrow TiB_2+Cu \qquad (4.13)$$

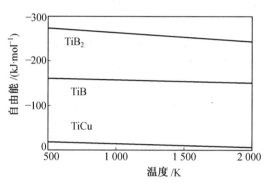

图 4.6 Cu–B–Ti 体系不同产物的反应自由能与温度的关系

实验研究表明[24],在 Cu–B–Ti 三元系的反应过程中首先发生 Cu 和 Ti 的反应,随着释放的反应热增加以及体系温度升高,将通过式(4.11)发生反应(占主要部分)以及直接发生 Ti 和 B 的放热反应,均会生成 TiB。

4.2.3 Cu–Ti–B_4C 体系

Cu–Ti–B_4C 三元体系是制备 TiB_2 和 TiC 混杂颗粒原位增强铜基复合材料的重要体系[25],主要存在 Ti–B_4C,Cu–B_4C 和 Cu–Ti 等 3 个二元反应体系,可能发生的反应如下:

$$3Ti + B_4C \longrightarrow 2TiB_2 + TiC \qquad (4.14)$$

$$5Ti + B_4C \longrightarrow 4TiB + TiC \qquad (4.15)$$

$$2Ti + Cu \longrightarrow Ti_2Cu \qquad (4.16)$$

$$Ti + Cu \longrightarrow TiCu \qquad (4.17)$$

它们的反应标准吉布斯自由能 ΔG^0 随温度变化曲线如图 4.7 所示。

从热力学上看,它们均能自发进行,其中反应(4.14)生成 TiC 和 TiB$_2$的反应标准吉布斯自由能最低,因此 TiC 和 TiB$_2$是稳定的生成相。

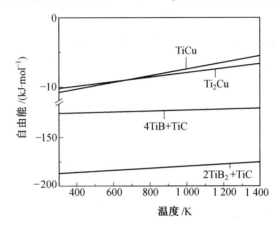

图 4.7　Cu–Ti–B$_4$C 体系反应的标准吉布斯自由能 ΔG^0 与温度的关系

4.2.4　Cu–Ti–Si 体系

在 Cu–Ti–Si 体系中可能存在 Ti–Cu 的 Ti$_2$Cu,TiCu,Ti$_3$Cu$_4$ 和 TiCu$_4$,以及 Ti–Si 系的 Ti$_5$Si$_3$,Ti$_5$Si$_4$,TiSi 和 TiSi$_2$等合金相。热力学计算表明,这些化合物的反应生成均是可行的,而且 Ti–Si 系化合物相的热力学稳定性高于 Ti–Cu 体系。

Ti–Si 系中,由 Ti 和 Si 反应形成 Ti$_5$Si$_3$化合物是热力学上最可行的,各相的相对热力学稳定性由高到低的排序为: Ti$_5$Si$_3$, Ti$_5$Si$_4$, TiSi 和 TiSi$_2$[26, 27]。也就是说,在 Cu–Ti–Si 体系中:

$$x\mathrm{Cu}+\frac{5}{8}(1-x)\mathrm{Ti}+\frac{3}{8}(1-x)\mathrm{Si}\longrightarrow x\mathrm{Cu}+\frac{1}{8}(1-x)\mathrm{Ti}_5\mathrm{Si}_3 \quad (4.18)$$

图 4.8 为式(4.18)的 Cu–Ti–Si 体系的绝热燃烧温度,根据自蔓延反应的经验判据[28, 29],绝热燃烧温度超过 1 800 K 时自蔓延反应才是自持的。由图可知,该绝热燃烧温度对应于 Cu 的质量分数为 43.23%。很明显,除了相变区域(水平线)之外,该反应体系的绝热反应温度均随着 Cu–Ti–Si 系中 Cu 含量的提高而下降。因此 Cu–Ti–Si 原位自生体系可选择 Cu 的质量分数为10% ~ 50%。

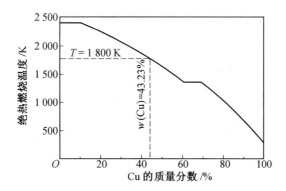

图4.8　Cu含量对Cu-Ti-Si体系的绝热燃烧温度的影响

4.2.5　Cu–Al–CuO（Cu₂O）

该体系是目前已获得较好应用的Al_2O_3颗粒弥散强化铜基复合材料的重要原位反应体系,可分为Cu–Al–CuO和Cu–Al–Cu₂O两个体系来进行热力学分析。

1. Cu–Al–CuO体系

对比Al_2O_3和CuO两种氧化物在相同温度下的分解压,可知Al_2O_3的稳定性高于CuO。由于Al比Cu元素对氧的亲和力更高,因此它将与CuO反应,生成Al_2O_3和Cu。

$$2Al+3CuO \longrightarrow Al_2O_3+3Cu \qquad (4.19)$$

图4.9为Al_2O_3和CuO的标准生成自由能与温度的关系曲线,分别为

$$\Delta G_f^0 = -1\ 676\ 864+325.584T(\text{J/mol})$$

和

$$\Delta G_f^0 = -154\ 231+86.124T(\text{J/mol})$$

Al和CuO化学反应生成Al_2O_3是热力学可行的。作为一个放热反应,它具有较高的反应温度。为了获得性能良好的Al_2O_3颗粒增强铜基复合材料,需要控制好反应速度,而在反应物中加入适量的稀释剂可吸收部分反应放热,减小反应组元之间的接触,有效地降低放热量,从而得到理想的显微组织[30]。

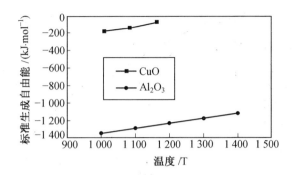

图 4.9　CuO 和 Al_2O_3 的标准生成自由能与温度的关系

2. Cu–Al–Cu$_2$O 体系

Cu_2O 具有比 Al 高得多的分解压,因此它能很快地将 Cu–Al 合金中的 Al 氧化而本身被还原。反应式为:

$$2Al+3Cu_2O \longrightarrow 6Cu+Al_2O_3$$

它的标准生成自由能为 $\Delta G^0 = -1\,212\,596+93.96T$,可以看出 ΔG^0 随 T 的增大而增大。当 $T=1\,320$ K 时,$\Delta G^0 = -1\,088\,569$,因此该反应在热力学上是可自发进行的,生成 Al_2O_3 增强铜基复合材料[31]。

4.3　原位反应合成铜基复合材料的结构与性能

4.3.1　原位反应合成氧化物增强铜基复合材料

氧化物弥散强化铜也称 ODS 铜,是发展最早且已取得实用化的一种铜基复合材料,发展十分迅速,近年来仍备受关注。该材料通常是采用内氧化法或反应机械合金化工艺向铜基体中引入热稳定性好且细小弥散的 Al_2O_3,Cu_2O,Cr_2O_3,ZrO_2,Y_2O_3,ThO_2 等氧化物颗粒来强化铜基体。

1. Al_2O_3/Cu 原位反应合成铜基复合材料

Al_2O_3 是铜基复合材料的理想增强相,它不但具有硬度高、高温稳定性好、来源丰富、价格低等优点,而且在各种温度条件下与铜基体均为化学惰性关系。原位 Al_2O_3/Cu 复合材料中,硬质的 Al_2O_3 弥散粒子对铜基体中的位错运动有很好的阻碍作用,可显著提高基体的室温与高温强度。目前,已开发的 Al_2O_3/Cu 复合粉末原位反应工艺主要包括内氧化法、反应喷射沉积法、溶胶-凝胶法和共沉积法等。

内氧化法利用了热还原反应的原理,在铜基体中生成热力学稳定的氧化物陶瓷颗粒,获得所需体积比的原位自生氧化物颗粒与铜基体组成的复合粉末,然后采用粉末冶金工艺将其制成复合材料。例如,将 Cu-Al 合金粉末放置在高温氧化气氛中使其发生内氧化生成铜和铝的氧化物,然后在高温还原气氛(例如氢气)中将铜还原出来,获得 Al_2O_3 与铜的混合粉末,最后采用热压烧结工艺使其复合成型[32]。

作为一种原位反应合成复合材料的方法,内氧化法所制备的 Al_2O_3/Cu 复合材料具有良好的力学、电学和热学等综合性能。Al_2O_3 弥散颗粒的增强作用远高于传统工艺制备的复合材料,却不使材料的导电和导热等物理性能有明显的下降。尤其是 Al_2O_3 颗粒的热稳定性能良好,使复合材料具有很好的高温力学性能,材料的再结晶温度达到 $0.9T_m$ 以上,适合于作为导电导热等领域的结构功能材料。表 4.1 列出了 3 种级别的 ODS 铜的物理性能。

表 4.1 ODS 铜的物理性能

性能	Al-15 (Cu-0.3Al₂O₃)	Al-25 (Cu-0.5Al₂O₃)	Al-60 (Cu-1.1Al₂O₃)	无氧铜
熔点/K	1 356	1 356	1 356	1 356
密度/$(g \cdot cm^{-3})$	8.9	8.86	8.81	8.94
电导率/%IACS	92	87	78	101
热导率/$(W \cdot (m \cdot K)^{-1})$	365	344	322	391
热膨胀系数/$(10^{-6}K^{-1})$	—	—	—	
293 ~ 773 K	19.0	19.0	19.0	18.0
293 ~ 1 273 K	21.2	21.2	21.2	21.2
弹性模量/GPa	130	130	130	115

制备工艺参数对 Al_2O_3/Cu 弥散强化复合材料的性能有很大影响。研究发现,内氧化温度越高,Al_2O_3/Cu 复合材料的电导率可以越快达到最高值,例如,在 1 100 ℃需要 0.33 h,950 ℃需要 0.5 h,900 ℃需要 1.5 h,850 ℃需要3 h,如图 4.10 所示[33]。综合对比各项实验结果,认为最佳的内氧化温度为 950 ℃,最佳的内氧化时间为 0.5 h。烧结工艺也影响 Al_2O_3/Cu 弥散强化复合材料的各项性能。由图 4.11 可以看出,950 ℃烧结 1 h 可以获得材料最高的硬度值。而在其他温度烧结时,由于复合材料致密度不够、基体晶粒长大或是 γ - Al_2O_3 颗粒聚集和长大等因素的影响,使得复合材料的硬度值降低。

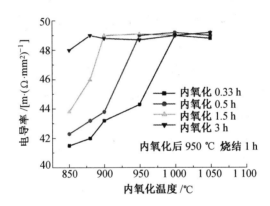

图 4.10　内氧化温度对 Al_2O_3/Cu 复合粉末电导率的影响

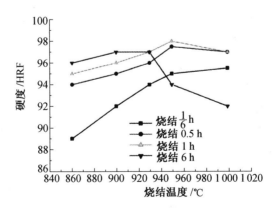

图 4.11　烧结温度对 Al_2O_3/Cu 复合粉末的影响

最近提出了一种在低真空条件下内氧化制备 Cu–Al_2O_3 复合粉末,然后通过冷压、烧结和热煅来实现致密化,最终合成Al_2O_3/Cu复合材料的新工艺。采用低真空进行内氧化可增大内氧化速率、细化Al_2O_3颗粒尺寸并使其弥散分布,因此工艺成本较低,有利于规模生产[34]。

反应喷射沉积法综合了粉末冶金和搅拌铸造的优点,可以很好地解决传统工艺的原位复合材料中含氧量大、界面反应严重等问题,是原位合成Al_2O_3/Cu复合材料的另一种重要工艺。该法是在含有适量氧气的氮气气氛中进行的,利用氧气使Cu—Al合金中的Al元素择优发生氧化反应,生成Al_2O_3颗粒增强体,在基底上沉积、冷却后形成Al_2O_3/Cu原位复合材料。该工艺制备复合材料容易发生增强体在铜溶液中漂浮而分布不均匀的现象。

近年来,发展了共沉淀法、溶胶-凝胶法等利用化学过程来原位合成Al_2O_3/Cu复合粉末的新方法,进一步降低了复合粉末的制备成本。共沉淀法将硝酸铜、硫酸铝与一定体积分数的Al_2O_3水溶液在室温下进行搅拌,并加入一定浓度的氨溶液,经沉淀、过滤、洗涤、烘干、引燃生成氧化物,再选择性还原获得Al_2O_3—Cu复合粉末。不过这些方法所制备的复合粉末中Al_2O_3颗粒较粗大,所合成的Al_2O_3/Cu复合材料的致密度也有待提高。

2. Cu_2O/Cu 原位反应合成铜基复合材料

Cu_2O等半导体氧化物颗粒比Al_2O_3陶瓷具有更好的导电性能,因此能更好地保持铜基复合材料的综合性能。近期,通过在铜熔体中加入K_2TiF_6与KBF_4混合氧化剂颗粒,原位生成了纳米尺度的Cu_2O颗粒原位自生铜基复合材料(见图4.12~4.14)[35]。Cu_2O颗粒的直径为100~300 nm,质量分数达到3%。在20 ℃时,铜基复合材料的电阻率与纯铜的接近,而硬度却显著提高。通过改变氧化剂的添加量可调整Cu_2O增强体的体积含量,从而获得所需的材料综合性能。

采用原位反应法可在铜合金熔体中制备Al_2O_3和Cu_2O混杂氧化物增强铜基复合材料[36]。该法首先将CuO粉、Al粉和粉末添加剂按比例混合并球磨10 h,压制成预制块之后压入Cu—Zr合金熔体中发生氧化反应($6CuO+2Al \rightleftharpoons Al_2O_3+3Cu_2O$),原位合成混杂氧化物增强相。该氧化反应产生的热量足以维持反应的过程。进行熔体搅拌之后于1 150 ℃浇注入铜模,获得增强体尺寸细小、分布均匀的复合材料铸锭。该法可结合常规的铸造工艺来进行材料成型,因此比内氧化法的成本更低,有利于实现工业化生产。

3. Cr_2O_3/Cu 原位反应合成铜基复合材料

目前,原位自生 Cr_2O_3/Cu 复合材料通常采用内氧化法制备,生成的热稳定性高且弥散分布 Cr_2O_3 颗粒,对铜基体起到显著的强化效果,因此是原位反应铜基复合材料中最为活跃的方向之一。内氧化法制备 Cr_2O_3/Cu 原位反应合成铜基复合材料首先要熔炼 Cu-Cr 合金,然后采用氮气雾化法或水雾化法制成所需粒度的粉末,再导入氧源使 Cu-Cr 合金粉末与氧介质混合、反应,生成 Cr_2O_3,最后采用粉末冶金工艺将内氧化粉末制成 Cr_2O_3/Cu 复合材料。

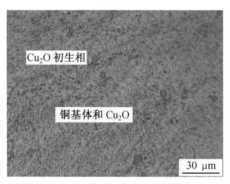

图 4.12 质量分数为 3% Cu_2O 原位自生铜基复合材料的显微组织

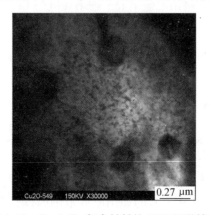

图 4.13 Cu_2O/Cu 复合材料的 TEM 显微结构

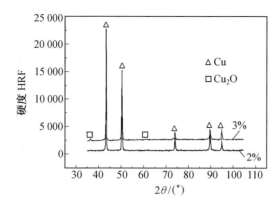

图 4.14　添加不同 K_2TiF_6 与 KBF_4 混合氧化剂颗粒原位

合成的铸态 Cu_2O/Cu 复合材料的 XRD 谱线

内氧化工艺主要的氧化介质包括 Cu_2O 粉末、氮气和氧气的混合气体、Cu_2O 粉末加高纯氮气三种,通过对 Cu-Cr 合金进行内氧化来实现原位合成铜基复合材料的制备。Cu_2O 粉末作为氧化介质直接供氧是将它和 Cu-Cr 合金粉末按比例混合之后装入密封容器中,不断降低容器内的氧分压使 Cu_2O 分解并释放出活性[O],和合金中的 Cr 元素反应生成 Cr_2O_3 颗粒。调整好 Cu_2O 分解时的氧分压使其接近发生内氧化反应所需要的最大氧分压,可以提高内氧化的供氧能力;同时还要调节好温度从而缩短内氧化所需要时间。

以氮气和氧气的混合气体为供氧介质进行内氧化时,则要根据实际的温度值来选择氧化介质中的氧分压。该法的混合气体介质以氮分压占主要部分,因此氮气在内氧化过程中占据了大部分的吸附位,使得该法的内氧化过程比较缓慢。Cu_2O 粉末加高纯氮气联合供氧的方式则克服了前两种供氧介质的不足,内氧化过程比较开放,工艺流程简单,原位反应合成氧化物颗粒增强铜基复合材料的制备效率更高。

内氧化之后的粉末冶金合成工艺对于能否获得导电性、导热性和室温高温力学性能良好的原位自生 Cr_2O_3/Cu 复合材料至关重要[37]。例如,烧结温度对复合材料的致密度和硬度、电导率等性能均有较大的影响,如图 4.15 所示。在 850 ~ 1 015 ℃的烧结温度范围内,增加烧结温度可提高复合材料的致密度和电导率,对硬度则具有抛物线影响规律,在 950 ℃烧结可获得最高的硬度。

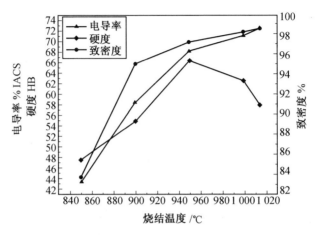

图 4.15 烧结温度对 Cr_2O_3/Cu 复合材料性能的影响

4.3.2 原位反应合成碳化物增强铜基复合材料

碳化物作为一种增强相增强铜基复合材料是一种常见的提高材料性能的方法,其制备方法有外加法和原位合成法。常见的碳化物增强相有 TiC,CrC 等,本节以这两种碳化物为例来说明原位反应合成碳化物增强铜基复合材料的过程及原理。

如 2.1 节所述,TiC 是一种导电陶瓷,是铜基复合材料优良的增强体,然而 TiC—Cu 属于不润湿体系(1 100 ℃的真空条件下润湿角为 112°),因此采用外加法制备时易发生 TiC 颗粒聚集的现象,在承受外载荷时发生界面脱粘而造成材料性能下降。采用高温自蔓延合成法等原位自生工艺可以有效地避免上述问题。

高温自蔓延合成法是将 Ti,C,Cu 等元素粉末直接混合,然后通过压制和烧结工艺制备出颗粒分布均匀、尺寸细小的 TiC_p/Cu 复合材料。该法的不足是:所制备的复合材料孔隙率较高,综合性能有待提高[38];对于低 TiC 颗粒含量的原位铜基复合材料,其形成热不足以维持反应,需要采用高 TiC 含量的铜基复合材料作为母合金进行重熔制备。Rathod 等人[38]探讨了在熔体中实现高温自蔓延过程来合成 TiC 颗粒增强铜基复合材料并铸造成型的制备方法。他们所制备的增强铜基复合材料中 TiC 颗粒体积分数为 45%～50%,并通过重熔及稀释工艺制备了 TiC 颗粒体积分数为 11%～ 13%的铜基复合材料。图 4.16 为制备的复合材料的微观组织,结果表明稀释处理使铜基复合材料中余留石墨的含量显著减少并且加入 Al 元素可促进 TiC 颗粒的形成,细化 TiC 颗粒,使其在铜基体中均匀地分布,这些均有利于提高复合材料的硬度。

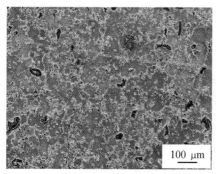

(a) TiC 在铜基体中均匀地分布   (b) TiC 颗粒球化和细化之后的形貌

图 4.16 TiC_p/Cu 复合材料的微结构特征

近期提出了电弧炉加石墨坩埚隔离铜坩埚的熔炼制备 Cr_3C_2 颗粒增强铜基复合材料的技术[39]。该法利用 Cr 在高温下与石墨坩埚发生反应形成 Cr_3C_2 化合物,并在铜液中扩散,浇铸获得 Cr_3C_2/Cu 母合金,然后采用喷铸技术来制备 Cr_3C_2 颗粒增强铜基复合材料,以进一步改善 Cr_3C_2 的粒度和分布,最后通过形变和时效处理来提高材料的电学和力学性能。所制备的 Cr_3C_2/Cu 原位复合材料的软化温度达 540 ℃,显微硬度 HV_{100} 为 184.8,电导率为45.76 MS/m。

4.3.3　原位反应合成硼化物增强铜基复合材料

1. TiB_2/Cu 原位反应合成铜基复合材料

TiB_2 属于导电陶瓷,具有良好的韧性和硬度,作为铜基复合材料的增强体有望获得良好的强度、韧性、导电性、导热性和低的热膨胀系数等综合性能。与外加法相比,通过原位反应合成技术在铜基体中生成 TiB_2 颗粒可以更好地发挥它的功能,因此研究 TiB_2/Cu 原位反应合成铜基复合材料很有意义。目前也开发了多种 TiB_2/Cu 复合材料的原位反应合成技术,根据反应物形态的不同,可分为固相反应法(包括机械合金化法和反应热压法等)、液-液反应法和液-固反应法三种。

机械合金化反应法以纯 Cu、Ti、B 粉末作为原料,首先对混合粉末进行机械合金化法,利用高能球磨技术使原料粉末细化,达到纳米级粒度从而有很高的表面活性,然后再采用粉末冶金工艺制备组织均匀且稳定性高的 TiB_2 颗粒原位增强铜基复合材料(图 4.17)。该复合材料在长时间的退火处理下仍不容易发生组织粗化,具有良好的室温和高温力学性能,对比发现其屈服强度甚至超过传统的 Al_2O_3/Cu 弥散强化复合材料[40]。

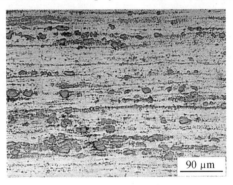

图 4.17 TiB_2/Cu 原位反应复合材料的光学显微组织

液-液反应法制备铜基复合材料具有材料性能好、工艺简单、成本低等优点[41]。该法首先将 Cu-B 与 Cu-Ti 原料按一定比例熔炼成中间合金,然后加热熔化成液体,使金属流体喷射混合并发生碰撞,在此过程中 Ti 和 B 元素发生化学反应而生成颗粒状增强相 TiB_2,凝固之后获得热稳定性好、高强度、高导电的原位自生 TiB_2 颗粒增强铜基材料。

液-固反应法是在熔融合金中加入能生成增强相的固态粉末,使其在铜合金液态中发生扩散级原位反应,形成金属基复合材料。该工艺采用石墨为还原剂,以氩气为载体将所需量的 B,O 和 C 粉加入 Cu-Ti 溶液中,通过控制反应温度和反应时间来制备纳米 TiB_2 颗粒增强铜基复合材料[42]。

2. MgB_2/Cu 原位反应合成铜基复合材料

MgB_2 具有低密度(2.1 g/cm^3)、低的线膨胀系数($8.1 \times 10^{-6} K^{-1}$)以及

低的电阻率(80~220 μΩ·cm),是理想的铜基复合材料增强体。Li 等[43]探索了反应烧结工艺原位合成 Cu 复合材料的制备,发现铜基体中存在 MgB_2,MgB_4 和 MgB_6 这三种 Mg-B 系金属间化合物。基体和这些金属间化合物颗粒之间的界面干净并且结合紧密(图 4.18)。与采用粉末冶金工艺制备的外加 MgB_2 颗粒增强铜基复合材料相比,该原位复合材料的致密度和硬度更大,而导电性则稍低。

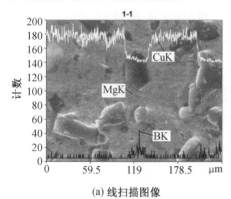

(a) 线扫描图像   (b) 界面区的 TEM 图像

图 4.18   (Mg+B)-Cu 体系在反应烧结之后的界面

4.3.4 多相混杂原位反应合成铜基复合材料

如第 2 章所述,外加法制备混杂增强铜基复合材料已有较多的报道,但是关于原位反应合成多相混杂增强铜基复合材料的报道还比较少。

TiC 与 TiB_2 混杂增强铜基复合材料是当前报道得比较多的原位反应体系。采用燃烧合成法制备的原位自生 TiC 和 TiB_2 混杂颗粒增强铜基复合材料[44],由于燃烧合成过程的反应比较剧烈,使得复合材料的致密度较低,存在一些宏观气孔。提高 Cu 含量可降低反应的剧烈程度,从而可提高 $(TiC+TiB_2)$/Cu 复合材料的致密度。分析 Ti,C 和 B 三种元素的线扫描特征分布线可知,元素的分布较为均匀,说明 TiB_2 与 TiC 混杂颗粒细小且均匀分布,与铜基体有较好的界面结合。研究还发现,增加 Cu 含量可使燃烧合成的温度下降,复合材料中混杂颗粒的尺寸更小;而铜含量对于复合材料的相对密度、抗弯强度和断裂韧性等的影响则有先增后减的影响规律[45]。

4.4 原位反应合成铜基复合材料的发展方向

与外加增强铜基复合材料相比,原位反应合成铜基复合材料的研究时间还比较短,无论在基础研究还是制备工艺方面都还存在一些有待进一步研究解决的问题。为此,下面几个工作将是今后重点发展的方向:

(1)原位反应合成铜基复合材料的新体系开发和优化设计

受到反应条件和制备工艺的限制,当前的原位反应铜基复合材料只限于合成特定的增强体,所开发的体系还较少。为此,需要通过实验和计算相结合的手段,完善与原位反应合成铜基复合材料相关的体系的热力学和动力学数据库的建设,设计出满足不同使用性能要求的新型铜基复合材料原位反应体系,在实验验证的基础上对其成分和组织进行优化,不断改善复合材料的综合性能。

(2)原位反应合成铜基复合材料的组织形成与演变机理

与其他金属基体的原位反应合成复合材料类似,目前对于原位自生增强体的形成机理还存在颗粒形核长大机制和元素扩散反应机制等不同的看法存在,因此还不能有效地控制原位自生增强体的特征(包括数量、大小、形态和分布等)。同时,对于液态反应制备的原位合成铜基复合材料,关于存在原位自生增强体的铜合金熔体凝固过程,特别是颗粒增强体对于液固界面推进,材料宏、微观缺陷产生过程的影响机理尚未清楚。而上述问题均是改善复合材料的微观组织和综合性能的关键影响因素。

(3)原位反应合成铜基复合材料的低成本制备工艺开发

为了实现原位反应合成铜基复合材料的产业化,需要进一步优化制备工艺、降低生产成本。目前的制备技术还普遍存在制备过程较复杂、成本较高,或是需要后续加工以进一步提高性能和成型等,不利于工业化生产。因此需要基于目前所用的传统设备,开发适用于铜基复合材料且工艺较简单的制备方法,特别是能制备大尺寸、少缺陷的复合材料,以推进原位反应合成铜基复合材料的产业规模化。

参考文献

［1］MERZHANOV A G, SHKIRO V M, BOROVINSKAYA I P. Inventor's Certificate NO. 255221 (1967) ［J］. Byul. Izobr, 1971 (10).

［2］TJONG S C, MA Z Y. Microstructural and mechanical characteristics of in situ metal matrix composites ［J］. Materials Science and Engineering: R: Reports, 2000, 29 (3): 49–113.

［3］REDDY B S B , DAS K, DAS S. A review on the synthesis of in situ aluminum based composites by thermal, mechanical and mechanical-thermal activation of chemical reactions ［J］. Journal of Materials Science, 2007, 42 (22): 9366–9378.

［4］KOCZAK M J, KUMAR K S. In situ process for producing a composite containing refractory material: U. S. Patent 4808372 ［P］. 1989‒2‒28.

［5］NEWKIRK M S, LESHER H D, WHITE D R, et al. Preparation of Lanxide TM matrix composites: matrix formation by the directed oxidation of molten metals ［C］. Ceramic Engineering and Science Proceedings, 1987, 8 (7‒8): 879–883.

［6］ANTOLIN S, NAGELBERG A S, CREBER D K. Formation of $Al_2O_3/$ Metal Composites by the Directed Oxidation of Molten Aluminum-Magnesium-Silicon Alloys: Part I, Microstructural Development ［J］. Journal of the American Ceramic Society, 1992, 75 (2): 447–454.

［7］JESSADA WANNASIN. Centrifugal infiltration of particulate metal matrix composites: process development and fundamental studies ［D］. America: Massachusetts Institute of Technology, 2004.

［8］李奎, 汤爱涛. 金属基复合材料原位反应合成技术现状与展望 ［J］. 重庆大学学报: 自然科学版, 2002, 25 (9): 155–160.

[9] 张淑英, 陈玉勇. 反应喷射沉积金属基复合材料的研究现状 [J]. 兵器材料科学与工程, 1998, 21 (5): 52–57.

[10] 彭超群. 喷射成形技术 [M]. 湖南: 中南大学出版社, 2004.

[11] WANG L, ARSENAULT R J. Microstructure of TiB_2 + NiAl [J]. Materials Science and Engineering: A, 1990, 127 (1): 91–98.

[12] KURUVILLA A K, PRASAD K S, BHANUPRASAD V V, et al. Microstructure-Property Correlation in Al/TiB_2 (XD) Composites [J]. Scripta Metallurgica et Materialia, 1990, 24 (5): 873–878.

[13] LAKSHMI S, LU L, GUPTA M. In situ Preparation of TiB2, Reinforced Al Baced Composites [J]. Journal of materials processing technology, 1998, 73 (1): 160–166.

[14] CARACOSTAS C A, CHIOU W A, FINE M E, et al. Wear mechanisms during lubricated sliding of XD TM 2024-Al/TiB_2 metal matrix composites against steel [J]. Scripta Metall. Mater, 1992, 27: 167–172.

[15] HANNULA S P, LINTULA P, LINTUNEN P, et al. Processing and Properties of Metal Matrix Composites Synthesized by SHS [C] // Materials Science Forum. 2003, 426: 1971–1978.

[16] PARK J Y, OH S J, JUNG C H, et al. Al_2O_3-dispersed Cu prepared by the combustion synthesized powder [J]. Journal of Materials Science Letters, 1999, 18 (1): 67–70.

[17] SAMAL P K. Dispersion strengthened copper [J]. Metal Powder Report, 1984, 39 (10): 587–589.

[18] PREDEL B. Springer Materials-The Landolt-Börnstein Database, ed [J]. O. Madelung. doi, 10.

[19] OKAMOTO H. Cu–Ti (Copper-Titanium) [J]. Journal of Phase Equilibria, 2002, 23 (6) 549–200.

[20] OKAMOTO H. Comment on C–Ti (carbon-titanium) [J]. Journal of Phase Equilibria, 1995, 16 (6) 532–533.

［21］宋云芳, 张修庆. 反应球磨制备 TiC/Cu 复合材料 ［J］. 热加工工艺, 2004 (4): 29-33.

［22］EL-ESKANDARANY M S. Synthesis of nanocrystalline titanium carbide alloy powders by mechanical solid state reaction ［J］. Metallurgical and Materials Transactions A, 1996, 27 (8): 2374-2382.

［23］Xu Qiang, Zhang Xinghong, Han Jiecai, et al. Combustion synthesis and densification of titanium diboride – copper matrix composite ［J］. Materials Letters, 2003, 57 (28): 4439-4444.

［24］董仕节, 雷永平, 史耀武. 原位生成 TiB_2/Cu 复合材料的研究 ［J］. 西安交通大学学报, 2000, 34 (5): 69-74.

［25］周芸, 朱心昆, 苏云生, 等. 反应自生 Cu-TiB_2-TiC 复合材料 ［J］. 中国有色金属学报, 1998, 4 (52): 15-17.

［26］WANG HUIYUA, ZHA MIN, et al. Influence of Cu addition on the self-propagating high-temperaturesynthesis of Ti5Si3 in Cu–Ti–Si system ［J］. Materials Chemistry and Physics, 2008, 111 (2): 463-468.

［27］YAN B J, FANG T F, SHU Q F, et al. Thermodynamic Interactions of Si and Ti in Liquid Cu ［J］. Journal of Phase Equilibria and Diffusion, 2012, 33 (2): 126-132.

［28］MERZHANOV A G. SHS-process: combustion theory and practice ［J］. Archivos Combustionis, 1981, 191 (1): 23-48.

［29］SYTSCHEV A E, MERZHANOV A G. SHS in microgravity: Optimistic insight into the future ［J］. International journal of self-propagating high-temperature synthesis, 2009, 18 (3): 200-206.

［30］孙森, 郝斌, 刘克明, 原位 Al_2O_3 颗粒增强铜基复合材料的制备及微观组织 ［J］. 金属热处理, 2006 (z1): 88-90.

［31］Liang Shuhua, Fan Zhikang, Xu Lei, et al. Kinetic analysis on Al_2O_3/Cu composite prepared by mechanical activation and internal oxidation ［J］. Composites Part A: Applied Science and Manufacturing, 2004, 35 (12): 1441-1446.

[32] TIAN S G, ZHANG L T, SHAO H M, et al. Internal oxidation kinetics and diffusion mechanism of oxygen in Cu−Al sintered alloy [J]. Acta Metallurgica Sinica−English Letters, 1996, 9 (5): 387−390.

[33] GUOBIN L, QUANMEI G, RU W. Fabrication of the nanometer Al_2O_3/Cu composite by internal oxidation [J]. Journal of Materials Processing Technology, 2005, 170 (1): 336−340.

[34] 于艳梅, 杨根仓. 内氧化制备 $Cu-Al_2O_3$ 复合材料新工艺的研究 [J]. 粉末冶金技术, 2000, 18 (4): 252−256.

[35] Wu Yuying, Liu Xiangfa, Zhang Junqing, et al. In situ formation of nano-scale $Cu-Cu_2O$ composites [J]. Materials Science and Engineering A 2010, 527 (6): 1544−1547.

[36] 闵光辉, 宋立, 于化顺. 原位反应铜基复合材料制备技术 [J]. 材料导报, 1997, 11 (4) 68−70.

[37] 张大华, 张来福. 内氧化法制备 Cr_2O_3 弥散强化铜基复合材料的研究 [J]. 中国铸造装备与技术, 2010 (3): 16−18.

[38] RATHOD S, MODI O P, PRASAD B K, et al. Cast in situ Cu−TiC composites: Synthesis by SHS route and characterization [J]. Materials Science and Engineering A, 2009, 502 (1−2): 91−98.

[39] 许彪, 张萌. 真空电弧炉制备 Cr_3C_2/Cu 复合材料的组织和性能 [J]. 特种铸造及有色合金, 2008, 28 (9): 713−715.

[40] MA Z Y, TJONG S C. High temperature creep behavior of in-situ TiB_2 particle reinforced copper-based composite [J]. Materiaks Science and Engineering A. 2000, 284 (1−2): 70−76.

[41] LEE A K. Multicomponent Ultrafine Microstructures [J]. Materials Research Society, Pittsburgh. PA, 1989: 87−92.

[42] 王耐艳. Cu-纳米 TiB_2 原位复合材料的制备及摩擦磨损性能 [D]. 浙江: 浙江大学材料科学与工程学院, 2002.

[43] LI D B, CHEN M F, RAUF A, et al. Preparation and characterization of copper matrix composites by reaction sintering of the Cu−Mg−B system [J].

Journal of Alloys and Compounds, 2008, 466 (1-2) 87-91.

［44］周芸，朱心昆，苏云生，等. 反应自生 Cu-TiB$_2$-TiC 复合材料 ［J］. 中国有色金属学报，1998，4 (52)：15-17.

［45］朱春城，张幸红，赫晓东. TiC-TiB$_2$/Cu 复合材料的自蔓延高温合成研究 ［J］. 无机材料学报，2003，4 (18)：872-877.

第5章　原位形变铜基复合材料

原位形变铜基复合材料首先是作为高强度高导电结构功能材料而被开发起来的,在集成电路引线框架、电阻焊电极、高强磁场导体材料、电接触材料等方面有非常重要的工程应用前景[1~4]。这类复合材料是利用铜和体心立方结构的元素(如 Nb,Ta,Mo,W,V,Cr,Fe 等)之间很低的固溶度,通过固态变形在铜基体中形成具有特定取向且界面结合良好的增强体,既能保持铜良好的导电性和导热性,又可以改善复合材料的室温和高温性能。

形变原位铜基复合材料具有近 70 年的研究历史。近 30 多年来,Cu-X二元形变复合材料已成为新型铜基材料的研究热点,对其性能与材料微观结构的关系展开了多方面的探讨。

5.1　原位形变铜基复合材料的设计及制备原理

5.1.1　设计原理

作为需要兼具电、热传导性能和力学性能的结构功能材料,铜合金及铜基复合材料的导电性能和强度是两个相互矛盾的性能指标。提高铜基材料的强度则会导致其导电性能下降,因此该类材料的设计需要根据使用性能的要求来权衡两者的选择,得到一个合理的材料组成。

强化方式和强化相的选择是进行原位形变铜基复合材料的体系和制备工艺设计时需要考虑的主要因素。通常的工艺是利用合金元素的固溶和沉淀强化来提高铜基材料的力学性能,但是由于固溶强化会使电导率显著下降,因此铜基体中的固溶元素含量应尽可能低;此外还可通过时效处理使大部分合金元素从固溶体中析出而形成弥散相,既能提高铜基材料的力学性能,又可保持较高的电和热传导性能。通过合金化或是特定的工艺来实现铜基材料的细晶强化则可增加铜基体中的晶界数量,阻碍位错的运动,提高材料的强度。而冷变形强化,或是冷变形与时效强化的综合运用均可获得较好的力学性能和导电性能。

结合上述要求,以 Cu-M 体系设计原位形变铜基复合材料时,要求合金元素 M 与 Cu 的固溶度很小甚至不互溶,而且元素 M 的熔点、密度等要与 Cu 接近以减少比重偏析,M 自生有良好的塑性和强度[5]。此外,一般设计 Cu-M 系原位铜基复合材料中的 M 的体积分数低于 20%,既能获得较高的导电和导热性能,又使复合材料的冷变形加工能顺利地完成。如表5.1 所示,面心立方结构的 Ag 和体心立方结构的 Nb,Ta,Mo,W,V,Cr,Fe 等过渡族金属元素在 Cu 中的极限溶解度和室温溶解度均较低,也能较好地满足其他的各项要求,因此是较理想的 Cu-M 体系原位形变铜基复合材料的合金元素。

表5.1 过渡族金属元素在 Cu 中的极限溶解度和室温溶解度

元素名称	Ag	Cd	Cr	Fe	Ti	Zr	Co
极限溶解度(质量)/%	8	3.72	0.65	4.0	4.7	0.65	5.0
室温溶解度(质量)/%	0.1	0.5	>0.03	0.3	0.7	0.01	0.5

5.1.2 制备原理

熔炼-变形法和捆束-变形法是制备原位形变铜基复合材料的两种主要方法。前者的工艺流程相对简单,是最为常用的方法,所获得纤维增强体相对随机分布的微观组织,取向性相对弱。后者获得纤维排列规则的微观组织,而且捆束法来实现不同组元之间的复合可避免熔炼过程中合金元素溶入铜基体所造成的电导率下降的现象,然而该法的工艺比较复杂,不利于工业化生产。需要指出的是,捆束-变形法不属于原位工艺,但作为形变铜基复合材料另一种制备手段,也在本章中介绍。

熔炼-变形法主要包括坯料制取、预变形和最终变形三个阶段,有时还包括中间热处理[6~8]。对于含 Fe,Cr 等较低熔点合金元素的铜基复合材料,通常采用真空感应熔炼工艺来熔炼坯料;而当 Nb,Ta 等高熔点合金元素时,则需要通过自耗电极电弧熔炼工艺来制备合金毛坯。元素氧化和组织不均匀是该法在熔炼阶段容易出现的问题。例如,当第二组元的熔点较高(例如 Ta 的熔点达到 3 017 ℃)时,需要在较高的温度下进行熔炼,元素发生氧化的机会显著加大,这将会导致铜基复合材料的力学和物理性能下降。解决氧化问题的措施是在真空或是惰性气体保护环境下进行熔炼,以减少气氛中氧化性成分对熔体的影响。此外,由于原位形变铜基复合材料中所采用的过渡族金属的熔点通常高于铜的熔点,所以熔炼后将先于铜元素发生结晶,造成了宏观成分偏析,特别是对于密度差较大的复合材料体系或是大截面的铸锭,这类偏析现象尤其明显。

变形程度对原位形变铜基复合材料的微观组织和性能有决定性的影响。研究发现,增加变形程度会显著地细化第二相,提高材料的强度。为了保证较大的变形程度(原位形变铜基复合材料的伸长率通常超过5),为此需要先制备初始直径较大的铸锭以保证后续的大塑性变形能够得以顺利进行,这就对坯料的熔炼工艺提出了更高的要求。同时,采用大的变形量制备铜基复合材料,还要采取中间热处理,使得工序增多和制备成本增加,需要综合考虑性能和成本之间的平衡。

如果 Cu-M 体系在固态下互溶,则会降低所制备的原位形变铜基复合材料的导电性能,因此可采用粉末冶金法来制备坯料,以减少元素的溶解量,从而提高材料的性能。粉末冶金法所选用的原料可以是元素粉末或 Cu-M 预合金粉末,制备坯料过程主要包括复合粉末制备、压制成型和烧结。由于该工艺的坯料制备流程较多并且与熔铸法相比更加复杂,因此生产效率较低、成本较高,目前这种方法主要适用于针对特定原位形变铜基复合材料体系的生产。

预变形是制备出坯料之后将要完成的工序,一般通过热挤压、热锻或热轧等热加工方法来实现,能够使其截面尺寸减小,初步细化 Cu-M 合金的微观组织,从而为最终的冷变形处理做好准备。预变形温度是这一阶段的重要影响参数,一方面要有足够的温度来保证预变形能顺利进行,另一方面又不能太高,以避免铜基体晶粒过度长大。

最终变形处理则是通过多道次的冷拔或冷轧工艺以进一步减小基体和第二相的尺寸,形成原位形变铜基复合材料的最终微观组织。这一阶段的冷变形量是最为重要的工艺参数。增加变形量可获得更加细小的微观组织,促进综合性能的提高。例如,较低的变形量(例如 $\eta<6$)不能使原来在坯料中呈各向分布的过渡金属增强相枝晶转向伸长方向,使得所获得的铜基复合材料中的增强体取向不一致。当变形量足够时(例如 $\eta>6$),增强相可随着铜基体的塑性变形而发生转向,最终形成取向一致的纤维形态,因此铜基复合材料力学性能和导电性能均很好。研究发现,很高的冷变形量可使复合材料中两相的截面尺寸显著细化,例如在 $\eta>9.5$ 时可达到纳米级,复合材料具有优异的强度和塑形的结合。如果制备的是含有较脆的第二相的原位形变铜基复合材料体系(例如 Cu-Cr 和 Cu-Fe 等),则在冷变形过程中需要进行中间退火处理,再逐渐形变达到最终尺寸。中间退火处理有助于细化纤维组织,提高复合材料的综合性能。

制备大截面原位形变铜基复合材料可采用捆束-变形法,在 Cu-Nb 系形变复合材料的制备中已取得了较好的效果[9, 10]。该法首先将 Cu 棒加工成中空的形式,然后将尺寸合适的 Nb 棒插入并进行拉伸变形,制成细长的 Cu-Nb 复合棒,再将它们排列组装然后进行拉伸变形,制得微观组织为 Nb 纤维定向排列于 Cu 基体中的复合材料。由于捆束-变形法避免了高温熔炼过程引入污染物的可能,以及减少复合材料组成元素之间的互溶,因此复合材料具有良好的导电性能[11]。

5.2 原位形变铜基复合材料微观结构的形成和演变

5.2.1 微观组织形成机理与特点

制备工艺决定原位形变铜基原位复合材料的微观组织,而且在不同的阶段具有不同的演变规律。认识各个阶段的组织结构特点及其变化,对于合理设计复合材料的制备工艺十分重要。

变形之前的 Cu-M 坯料的原始组织受到制备工艺的影响,采用熔铸法获得的组织为铜基体与分布在里面的树枝晶状第二相所组成,而粉末冶金工艺获得的第二相形态通常为颗粒状或小的枝晶。M 元素在 Cu 基体中有几种存在形式,例如熔铸法制备的 Cu-Cr 合金坯料中,Cr 元素可能固溶于Cu 基体、存在于 Cu 枝晶,或是以 Cu-Cr 共晶体等形式存在。

冷变形阶段使铜基体发生塑性变形,第二相将逐渐发生偏转,形成取向规则的纤维状增强体。以 Cu-15Cr 原位形变复合材料的微观组织演变为例,熔铸法制得的坯料由树枝状第二相 Cr 与 Cu 基体所组成,其中 Cr 相的形态有两种:粗大的初生 Cr 树枝晶和细小均匀的共晶组织,而且由于 Cr在 Cu 中的固溶度很小因此共晶体所占的比例更大(图 5.1(a))。由于Cr,Nb,Fe 等金属相为体心立方结构,在冷拔变形时会形成 <110> 织构,易于发生平面应变变形,而面心立方结构的金属铜主要为轴向均匀流动,两种变形特点的不同使得在不同的变形程度时复合材料具有不同的微观组织。当变形量 $\eta = 4.6$ 时,Cr 相主要以与形变方向平行的、不连续的带状组织的形式存在,但是仍有树枝晶的组织特征(图 5.1(b))。当变形量增加到 5.99 时,纤维更加均匀和连续,基本呈现平行的排列方式,间距减小,基本上不存在树枝状 Cr 相(图 5.1(c))。$\eta = 8.63$ 的变形量时,平行排列的Cr 相纤维组织变得更加细长,纤维间距更小,复合材料的显微组织更加致密(图 5.1(d))。

Masuda 等[11]为采用透射电镜对比研究了不同冷拔变形量的 Cu-15%Cr原位形变复合材料的剖面微观组织形貌(图 5.2)。在复合材料中存在小矩形和针状等两种形态的相,其中针状相为 Cr 纤维。当 $\eta = 4.66$ 时,在复合材料中能观察到很多的晶界,晶界上的位错密度较低,而在基体中发现很少的 Cr 纤维(图 5.2(a))。当冷拔变形量为 $\eta = 6.94$ 时,晶界尺寸更小(约为 200 nm),但是由于原位形变铜基复合材料发生动态回复,使得位错密度还不是很高,微观组织中的 Cr 纤维被细小的晶界包围。

Cu-Nb 系中的 Nb 组元也是体心立方结构,在对复合材料进行冷拔处理时两个组元的流变应力比较接近,Nb 相随着织构的发展而逐步形成了

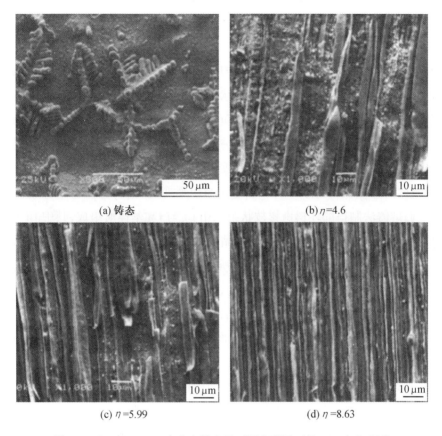

(a) 铸态   (b) η=4.6

(c) η=5.99   (d) η=8.63

图 5.1   Cu-21.5% Cr 合金在铸态及不同变形量下的 SEM 组织照片

(a) 冷拔 η= 4.66   (b) 冷拔 η= 6.94

图 5.2   Cu-15% Cr 复合材料的 TEM 微观组织形貌

横截面为卷曲状的纤维。冷拔变形量对于铜基体的微观组织也有显著的影响,增大冷变形量使得铜基体的微观结构逐渐从胞状亚结构(η<5)发展

155

为胞状亚结构与再结晶晶粒混合物($5<\eta<9$),再到以再结晶晶粒为主($\eta>$
10)的组成形态,形成$\langle 111 \rangle$织构,此时的位错密度达到$10^{10}\ \mathrm{cm}^{-2}$数量级。
而 Nb 相的横截面则发生卷曲变形呈现出扁平状,由没有位错的亚晶粒所
组成。需要指出的是,除了变形量之外,冷变形的方式也会影响 Nb 纤维相
的形态。例如,在相近的冷变形量下,经捆束拉拔变形的 Nb 纤维横截面为
较平直或轻微弯曲的形状,而采用轧制变形的 Nb 纤维相则呈平行于轧制
表面的片状形态。

　　Cu-Ag 系原位形变复合材料中的 Ag 相和 Cu 相均为面心立方结构,
具有相同的滑移系统,因此在制备过程中它的微观组织演变规律与前面的
体系立方结构增强原位铜基复合材料有所不同[12, 13]。Cu-Ag 系复合材料
处于亚共晶成分,室温时的平衡组织为(Cu+Ag)共晶组织和初生 Cu 枝晶,
在含量较低时,铜枝晶间的 Ag 相呈不连续单相的形态;随着含量增大,逐
渐形成完全的(Cu+Ag)共晶组织,Ag 相的分布更加连续。与 Cu-Nb,Cu-
Cr 等体系不同的是,对 Cu-Ag 合金进行冷拔时,复合材料中的两相均会发
生轴向均匀变形,截面尺寸均逐渐减小,最后逐渐演变成由 Ag 薄膜包围
Cu 相的微观组织。Ag 元素对 Cu 相的固溶强化作用很显著,所以只需适
当的冷变形就能达到较高的强度。

　　Liu 等[14]采用真空感应熔炼,中间热处理,然后进行冷拔的工艺第二
相制备 Cu-Ag 系复合材料,并研究其微观结构转变机理。发现经过冷拔
之后,原来的枝晶、共晶团和二次析出相逐步演变成两相结合紧密的同向
纤维束,而且随着拉拔率的增加,材料的强度增加而导电性下降。纤维束
主要由共晶纤维和二次析出的 Ag 晶须所组成。经过强烈的冷拔处理之
后,仍可发现不同 Ag 含量的岛状或网状结构,纵向的微观结构特征主要为
规则排列的细小纤维(图 5.3)。与其他两种成分相比,Cu-6% Ag 复合材
料中的纤维组织其紧密程度和均匀性相对低;Cu-12% Ag 和 Cu-24% Ag
复合材料中的共晶纤维束则趋向于发展成为条带状。

　　图 5.4 示出了 Cu-Ag 系复合材料由铸态组织经冷拔处理发展到纤维
束结构过程中共晶团和二次析出物的形态演变过程。由于 Cu 和 Ag 有相
同的滑移系,因此其应力-应变曲线和加工硬化行为很相似。在冷拔过程

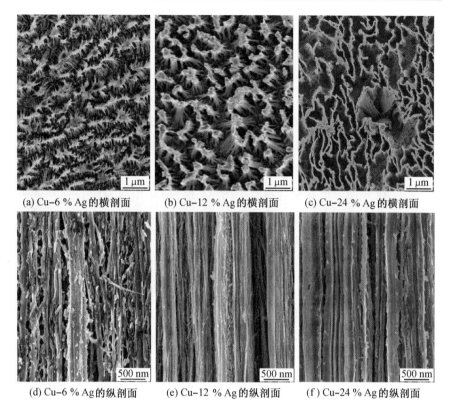

(a) Cu–6 % Ag 的横剖面　　(b) Cu–12 % Ag 的横剖面　　(c) Cu–24 % Ag 的横剖面

(d) Cu–6 % Ag 的纵剖面　　(e) Cu–12 % Ag 的纵剖面　　(f) Cu–24 % Ag 的纵剖面

图 5.3　Cu–Ag 系复合材料在 $g=6.0$ 冷拔态下的 FESEM 微观结构

中,枝晶和共晶团将协同变形并沿着拉拔方向延长。冷加工过程中,共晶团将进行轴对称变形,因此其横向剖面的形貌将发生显著的变化。

5.2.2　形变原位铜基复合材料微观组织的热稳定性

原位形变铜基复合材料的工作环境比较复杂,通常有高温、电流、热流、外载荷等,这些因素的共同作用会造成部件的温度升高,有可能造成铜基体的回复和再结晶甚至是纤维相的粗化和断裂,因此复合材料的热稳定性显得十分重要。在高温下复合材料(尤其是增强相体积分数较高时)的微观组织变化将显著地影响其综合性能。

研究发现,高温下铜基体的再结晶和 Fe 相的毛细断裂作用是影响 Cu–Fe 系原位形变铜基复合材料的热稳定性和微结构演变行为的主要因

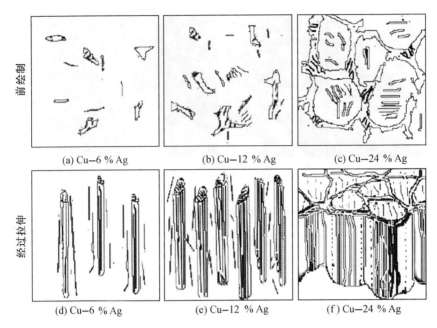

(a) Cu−6 % Ag   (b) Cu−12 % Ag   (c) Cu−24 % Ag

(d) Cu−6 % Ag   (e) Cu−12 % Ag   (f) Cu−24 % Ag

图5.4 Cu−Ag系复合材料由铸态组织经冷拔处理发展到纤维束结构过程中共晶团和二次析出物的形态演变过程

素[15, 16]。在升温的初始阶段,Fe纤维间距的减小一方面会增加铜基体中的位错密度,另一方面也抑制了Cu基体的再结晶过程。但是当复合材料中纤维的间距减小到某一临界值时,它对于Cu基体的再结晶行为不再起抑制作用,反而引起纤维状Fe增强相破碎。同时,升高原位形变铜基复合材料温度也会使纤维组织发生粗化,使得材料的强度降低。控制形变过程、引入弥散相界面以及回复和再结晶等均可改复合材料中纤维相毛细断裂的过程,从而改善材料的热稳定性有一定的影响。

对Cu−15% Nb复合材料在100~1 050 ℃的高温下的热稳定性和微观结构演变的SEM和EBSD观察结果表明,当温度超过700 ℃时,Nb纤维将发生破碎,进一步升高温度将使破碎的Nb相球化,这一过程使得Nb相在不同地方出现分离,而同时发生的粗化则阻碍了更高温度下的球化作用。在1 050 ℃,界面分布发生变化,形成主要以垂直于纤维方向的晶界,形成类竹子状的微观结构(图5.5),在此基础上提出了一个简单的模型解释这一现象[17]。

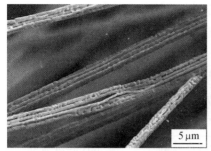
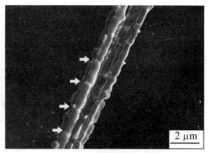

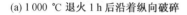

(a) 1 000 ℃ 退火 1 h 后沿着纵向破碎 (b) 1 050 ℃ 退火 32 h 后由于再结晶而在
Nb 横向晶界形成的竹子状结构

图 5.5 Cu-Nb 复合材料中 Nb 纤维相在退火处理后的形貌变化情况

合金元素对于原位形变铜基复合材料热稳定性的影响则根据元素种类和复合材料体系的不同而有所区别[15, 18]。例如,在 Cu-Fe 系原位形变复合材料中添加 Ag 可使细化 Fe 相,同时也降低 Fe 纤维/Cu 基体的界面能和扩散系数,造成 Fe 增强相的热稳定性下降。加入 Cr 元素则可提高复合材料的热稳定性。

5.3 原位形变铜基复合材料的强化机制

原位形变铜基原位复合材料的强度受到多种因素的影响,包括复合材料中两相的原始尺寸、第二相的种类和含量、材料变形量等,而且这些因素通常交互作用,对复合材料的力学性能有较为复杂的影响。例如,大的塑性变形量使铜基体和纤维状增强相的加工硬化程度增加,因此复合材料的强化效果更加显著;而采用尺寸小的增强相时,变形量对于复合材料强度的影响更加显著。建立相关的原位形变铜基复合材料的强化模型和探讨其强化机理并一直是该类材料研究的重点之一。

混合法是预测复合材料极限抗拉强度常用方法,该法综合考虑了两相的强度和体积分数:

$$\sigma_c = \sigma_M f_M + \sigma_R f_R$$

式中 $\sigma_c, \sigma_M, \sigma_R$——复合材料、基体和增强体的抗拉强度;

f_M, f_R——基体和第二相的体积分数。

研究发现,原位形变铜基原位复合材料的强度超出混合法预测的结果很多,分析认为纤维状增强体和铜基体在成型过程中经受的大应变量变形是造成这一偏差的主要原因[19]。

目前已提出了修正的位错强化模型、相界面障碍模型和修正的混合模型等多种研究模型来探讨这类复合材料的强化机理。

5.3.1　修正的位错强化模型

原位形变铜基复合材料中通常存在两种不同晶体结构的组成相(面心立方和体心立方),由于它们的塑性变形过程不统一,因此复合材料发生的是非均匀变形而在内部产生应变梯度。Funkenbusch 等[1]将原位形变铜基复合材料看成是由两种材料构成的多晶材料,本模型是根据多晶体的塑性变形理论提出的,目的是解释原位形变 Cu–X 复合材料的高强度。

由于两相在塑性变形时存在不一致性,为了保持复合材料的连续性,铜基体和纤维增强相之间将形成几何协调位错,它们显著地提高了复合材料的强度。因此,需要采用修正的位错强化模型才能准确地计算原位形变铜基复合材料的强度。

几何协调位错的平均密度为:

$$\xi_G = 2\beta [1 - \exp(\xi/2)] / \lambda$$

式中　　β—— 常数;

　　　　λ—— 复合材料中组元的间距,$\lambda = \lambda_0 \exp(-\xi/2)$;

　　　　ξ—— 真应变;

　　　　λ_0—— 未发生变形之前的初始间距。

由该公式可以看出,可以通过改变原位形变铜基复合材料中的相间距来影响铜基体中的位错密度,从而改变复合材料的强度;但该公式没有给出铜基复合材料中强度和应变之间的直接关系。

原位形变铜基复合材料的应力 – 应变关系是由 Spitzig 等人[20]在上述模型的基础上针对 Cu – 20Nb 原位复合材料进一步推导出来的:

$$\sigma_c = \sigma_0 + 4\sqrt{2} A_1 G b^{1/2} \sqrt{\xi/\lambda}$$

该式中 G 代表铜的剪切模量。他们采用该模型预测了在不同冷拔应变时原位形变铜基复合材料中的位错密度值。然而,在经历大塑性变形之后,复合材料的铜基体中发生了动态回复与再结晶,因此位错密度的预测值与 TEM 的观察结果有一定的差异。由此得出的结论是,该模型的前提条件中要求的由应变诱发的高密度位错并非 Cu – Nb 系原位形变复合材料获得强化的直接原因。

5.3.2 相界面障碍模型

原位形变铜基复合材料在经历大变形量的塑性变形后,其中的纤维状增强相 X 与铜基体之间将形成大量的界面,对位错运动有阻碍而形成位错塞积和应力集中。基体和增强相之间的界面作为重要的位错源,显著影响铜基复合材料的屈服行为。因此提出了相界面障碍模型来解释该类复合材料的强化机理[21, 22]。

Spitzig 等[23]在冷拔珠光体强化理论的基础上提出了 Cu–Nb 系原位形变复合材料的强度表达式:

$$\sigma_c = \sigma_0 + (1.6m)^{1/2} A_2 MGb (\lambda)^{-1/2}$$

式中　m——铜基复合材料界面上的位错源密度;

　　　M——Taylor 因子(对于面心立方和体系立方分别取值 3 和 2);

　　　A_2——常数,$A_2 M \approx 1$。

该模型得到了后来的研究结果的证实,Hong 等[24]发现非热激活型障碍是原位铜基复合材料强度的主要影响机制。

同时考虑 Cu–X 系原位形变复合材料中铜基体和纤维相 X 对强度的贡献,可采用混合法来推导其抗拉强度:

$$\sigma_c = f_{Cu} \left[\sigma_0 + \frac{MA\mu b}{2\pi t} \ln(t/b) \right]_{Cu} + f_x \left[\sigma_0 + \frac{MA\mu b}{2\pi t} \ln(t/b) \right]_x$$

式中　f——铜基体和增强体 X 的体积分数;

　　　σ_0——由纯金属的抗拉强度估算得到的晶格阻力;

　　　μ——剪切模量;

　　　b——柏氏矢量;

　　　t——两相的尺寸(铜基体的晶粒大小或纤维状增强体 X 的厚度)。

研究发现,Cu-Fe 系原位形变复合材料在初始变形时,只有铜基体发生了塑性变形,而强度更高的 Fe 相仍处于弹性变形阶段。为此需要对相界面障碍模型进行修正[25, 26],复合材料中 Fe 纤维的应力表达式为:

$$\sigma_0(\text{Fe}) = \left(\frac{\sigma_c}{E_C} + 0.2\%\right) E_{\text{Fe}} \quad (E_C = f_{\text{Cu}} E_{\text{Cu}} + f_{\text{Fe}} E_{\text{Fe}})$$

结合复合材料强度的混合法则可得:

$$\sigma_c = \frac{f_{\text{Cu}}[\sigma_0(\text{Cu}) + \sigma_r + \sigma_P] + f_{\text{Fe}} 0.2\% E_{\text{Fe}}}{1 - (f_{\text{Fe}} E_{\text{Fe}} / E_C)}$$

式中　σ_r——铜基体中位错增殖所需的临界应力;

$\quad\quad$ σ_p——Fe 纤维相对基体的强化;

$\quad\quad$ E——弹性模量。

由于原位形变铜基复合材料的高强度主要源自两个方面,即纤维相 X 强化和位错、晶界、亚晶界、析出相等亚结构因素的强化。因此原位形变复合材料的强度由纤维相 X 强化 $\sigma_{\text{H-P}}$ 和亚结构强化 σ_{sub} 两个部分所组成[24, 27]:

$$\sigma_c = \sigma_{\text{sub}} + \sigma_{\text{H-P}}$$

在不同冷变形量下的 Cu-Nb 系原位形变复合材料的亚结构强化表达式为:

η 较小时:$\sigma_{\text{sub}} = (0.5 + 0.04\eta)(\sigma_{\text{UTS}}^{\text{Cu}} + \sigma_{\text{UTS}}^{\text{Nb}})$

η 较大时:$\sigma_{\text{sub}} = (\lambda / W_{\text{Nb}})^{1/2} \cdot (0.5 + 0.04\eta)(\sigma_{\text{UTS}}^{\text{Cu}} + \sigma_{\text{UTS}}^{\text{Nb}})$

研究表明,采用修正的相界面障碍模型计算的位形变铜基复合材料的强度值与实验结果较接近,特别是大塑性变形时比未修正的模型更加准确。需要指出的是,相界面障碍模型并没有考虑合金元素的固溶强化或析出强化这两点对于复合材料强度的影响。

5.3.3　修正的混合模型

提出原位形变铜基复合材料强度的修正的混合模型[28~31]是基于较高的冷形变量所带来的反常的高强度值,它与混合法则的计算值差别较大,但是却能满足符合 Hall-Petch 关系。

修正的混合模型与相界面障碍模型[21]相似,认为在材料中的位错堆积和增殖是实现相界面对复合材料强度提高的主要原因,因此它综合考虑了铜基体和纤维相 X 的影响(主要包括体积分数和加工硬化特性两个方面)以及两相界面对于复合材料的强化作用。也就是说,原位形变铜基复合材料的强度由两部分组成的:混合定律计算出的强度 σ_{ROM} 和相界面的 Hall-Petch 强度 σ_{MMC},即 $\sigma_c = \sigma_{MMC} + \sigma_{ROM}$。

当原位形变铜基复合材料的增强相是 Nb,Ta,Mo,W,V,Cr,Fe 等体心立方结构的过渡族金属元素时,由于与面心立方结构的铜基体之间的相界面对位错运动有很强的阻碍作用,可假设位错在相界面前沿铜基体一侧塞积,在复合材料达到屈服强度时,可得界面强化作用 $\sigma_{MMC} = (f_{Cu} + f_x R)\sigma_{MMC}^{Cu}$,其中 R 为两相抗拉强度的比值。Raabe 等[28, 29]采用修正的混合模型计算得到的 Cu-Nb 系原位形变复合材料的屈服强度与实验值符合得较好。

关于原位形变铜基复合材料还有其他几种模型,但是到目前为止对其强化机理还没有定论,各种模型之间也还存在争议。实验验证和强化模型的完善工作仍在进行之中。

5.4 原位形变铜基复合材料的传导机理

作为电子领域的重要功能材料,电和热的传导性能是原位形变铜基复合材料重要指标,而第二相的种类、含量、分布形态和复合材料制备工艺等均对此性能有较大的影响。铜基体主要承担该类复合材料的载流功能,因此其中的电子传输决定复合材料整体的最终电导率,以及杂质散射、位错散射、界面散射和声子散射等均会引起的电子散射,使得铜基体的电阻率上升。因此,原位形变铜基复合材料的变形量越大,其导电性能越差。

计算原位形变铜基复合材料的电阻率可采用并联电路模型[32, 33]:

$$1/\rho_c = f_{Cu}/\rho_{Cu} + f_x \rho_x$$

式中 f, ρ ——体积分数和电阻率;

下标 C,Cu 和 X ——复合材料、铜基体和第二相。

研究原位形变铜基复合材料的导电性能需主要分析铜基体中的电子

散射,包括铜基体中的杂质散射、位错散射和声子散射,以及铜基体和增强体间的界面散射[32~34]。也就是说,铜基体的电阻率为界面散射、杂质散射、位错散射和声子散射 4 种方式对电子的散射所造成的电阻率之和。

对于原位形变铜基复合材料中的界面电子散射机制所产生的电阻可采用微细线的表面散射理论来获得[34, 35]。该模型采用胞状结构来研究 Cu-X 系两相复合材料,其中丝状纤维构成胞壁,铜为胞内组元,胞状结构的直径为层片间距。该模型主要适用于经过大量塑性变形之后具有比较理想的层片结构的原位形变铜基复合材料。

杂质散射是由固溶于复合材料中铜基体的杂质元素所引起。通常采用高纯原料来制备原位形变铜基复合材料,所以复合材料中可能存在的杂质元素主要来自于形成第二相的 X 元素在铜基体中的固溶。固溶的杂质元素引起电子散射程度受到元素在铜基体中的固溶度大小的影响。元素在铜中的固溶度越大(例如 Fe 元素),则对基体的影响更大;而在铜基体中固溶度较小的元素(例如 Nb 元素)则引起的杂质散射较小。因此当纤维状增强体的体积分数相等时,Cu-Fe 系原位形变铜基复合材料的电导率低于 Cu-Nb 复合材料[14, 21,36, 37]。

由于形变原位铜基复合材料是采用塑性变形法成形的,其微观组织中存在大量的位错、晶界和亚晶界等亚结构,它们对于复合材料的导电性能有很大的影响。Cu-X 体系复合材料在经过大变形量的塑性变形成形之后,铜基体内部的位错密度达到 $10^{10} \sim 10^{11}$ cm^{-2}[35],因此位错散射产生的电阻率较大,当冷拔变形量超过 4 时,位错散射所造成的复合材料电阻率为 0.1 $\mu\Omega \cdot$ cm[28, 38]。

声子是描述晶格振动规律的能量量子,晶体中运动的载流子受到热振动原子的散射。声子散射是材料固有的特征,是指在非线性相互作用下发生声子的碰撞,引起声子态改变的现象,它可采用载流子与声子的散射来描述。温度对声子散射产生的电阻有非常重要的影响,升高温度使得晶格振动更加激烈,声子散射载流子的作用也就更加强烈。当温度相同时,Cu-X 系形变原位复合材料中铜基体的声子散射与高纯铜相当(0 ℃时为 1.55 $\mu\Omega \cdot$ cm 左右[7])。

综合分析原位形变铜基复合材料导电性能的影响因素,可以发现,位错散射对复合材料导电性能的影响较小,因为采用实验手段(例如 TEM)已证实高应变量铜基体中发生的动态回复和再结晶等过程均会降低位错密度;其次,纤维状第二相造成的应变场散射电阻对复合材料的导电性能影响也较小。

造成原位形变铜基复合材料导电性能降低的主要因素是界面散射和杂质散射两种机制,因此,可从这两个方面去保证复合材料的导电性能。然而,通过减少铜基体与增强体之间的界面积来获得较高电导率的方法比较难以实现,因为复合材料中需要有一定体积分数的纤维状增强体才有足够的强度。所以,目前主要通过减少杂质散射电阻的方法来提高电导率,采用与铜不互溶或固溶度很低的过渡族元素来形成纤维状第二相是有效的方法。表 5.1 列出了部分原位形变铜基原位复合材料的抗拉强度和导电性能。

D. Raabe 等[30]研究了原位形变铜基复合材料的导电性能,他们在研究模型时考虑了增强体形态、温度、位错密度等多种因素,并以 Cu-20% Nb 体系复合材料为例推导了 Cu 相和 Nb 相的电阻率,预测了应变对原位形变铜基复合材料的电阻率的影响。两相的电阻率为:

$$\rho_{Cu}(d_{Cu}, T) = \rho_{Cu0}(T)\left\{1 + \frac{3}{4}\left[\frac{l_{Cu}(T)}{d_{Cu}}(1 - 0.44\frac{\eta}{\eta_{max}})\right]\right\} + \Delta\Lambda\rho Cu_{Dis}$$

$$\rho_{Nb}(d_{Nb}, T) = \rho_{Nb0}(T)\left\{1 + \frac{3}{4}\left[\frac{l_{Nb}(T)}{d_{Nb}}\quad(1 - 0.44\frac{\eta}{\eta_{max}})\right]\right\} + \Delta\Lambda\rho Nb_{Dis}$$

其中

$$d_{Cu}(\eta) = d_{Cu}(0) - k_{Cu}\ln(\mu)$$

$$d_{Nb}(\eta) = d_{Nb}(0) - k_{Nb}\ln(\mu)$$

$$\rho(d) = \rho_0(1 + \frac{3}{4}(1 - \rho)\frac{l_0}{d})$$

式中 $\rho(d)$——电阻率随纤维尺寸 d 的函数;

ρ_0——没有界面散射时的电子平均自由程;

d——纤维的厚度。

研究表明,原位形变铜基复合材料中的界面电阻的影响明显超过位错和增强体形状等因素的影响。不足之处是它没有考虑铜基体中 X 元素的固溶行为对导电性能的影响,因此如果用于预测第二组元在基体中固溶度较大的体系(如 Cu-Fe 系)时会与实际值有一定的差距;即使对于固溶度较低体系(例如 Cu-Nb 系),在考虑了 Nb 元素在铜基体中的固溶行为的前提下,预测值仍比实测值低。

5.5　主要的原位形变铜基复合材料体系

经过三十多年的发展,目前已经发展了多个体系的原位形变铜基复合材料,它们具有各自特殊的功能特性和所需的力学性能,可适应不同领域的应用需要,因此其研究工作都在推进之中。根据原位增强体的晶体结构不同,Cu-X 系原位形变铜基复合材料可分为以 Cu-Ag 系为代表的 Cu-fcc 系列和以 Cu-Nb,Cu-Fe 等系为代表的 Cu-bcc 系列。目前 Cu-Nb,Cu-Ta,Cu-Fe,Cu-Cr,Cu-Ag 等体系原位形变铜基复合材料是研究开发的重点,并已取得一定的实用化。其中,由于 Fe 和 Cr 的原材料价格较低,Cu-Fe 和 Cu-Cr 系原位复合材料的实用化程度更高;而 Nb,Ag 和 Ta 等元素的成本较高,目前这些体系的复合材料主要应用于有特定性能需求的领域。但是 Cu-Fe 系原位形变复合材料由于 Fe 在 Cu 基体中的室温远超过其平衡溶解度(固溶度随着温度升高而增加,但低温时 Fe 在 Cu 中的扩散较慢所造成),因此该复合材料的导电性能较差。而 Cu-Cr 系原位形变复合材料的两种组元在室温的固溶接近于零,因此很有发展潜力。

三元原位形变铜基复合材料是在二元系的基础上发展起来的,目的是进一步细化纤维状增强体以进一步提高综合性能,目前较成熟的包括 Cu-Nb-Ag,Cu-Cr-Ag,Cu-Fe-Ag,Cu-Fe-Cr 等三元体系。本节将对主要的二元和三元原位形变铜基复合材料进行介绍。

5.5.1　Cu-Nb 系原位形变复合材料

Cu-Nb 系原位形变复合材料是研究得最早、目前较为系统的一个体系,常被用作形变铜基复合材料的模型材料[23]。研究发现,Cu-Nb 系复合材料的强度远高于采用混合法则计算得到的数值,其韧性和导电性能均很好。

原位变形法和捆束变形法是制备 Cu-Nb 系复合材料的两种常用方法[9]。前者是通过较大变形量的冷轧或冷拉工艺使 Cu 和 Nb 两相同时发生塑性变形,得到增强体为长径比大的纤维状、呈平行排列、分布均匀的复合组织。采用该法制得的 Cu-Nb 系原位形变复合材料中 Nb 纤维相的间距可小到 10 ~ 100 nm。然而由于制备工艺的特点,当复合材料用作线材时,较大的冷变形量下材料的直径很小因而容易断裂,限制了实际应用。为此,可采用捆束变形法来制备 Cu-Nb 系原位形变铜基复合材料。作为一种非原位制备工艺,该法较好地解决了复合材料尺寸不足的问题,而且可减轻第二组元在铜基体中的固溶而保证材料的导电性能,并且更有利于获得两相分布均匀的微观组织(图 5.6)。它的不足之处是需要较为特殊的设备,需要有较严格的工艺参数,限制了其应用范围和生产规模。

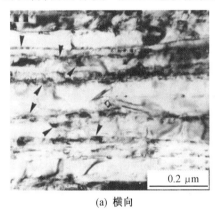 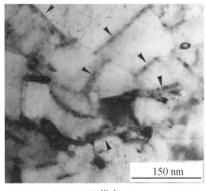

(a) 横向   (b) 纵向

图 5.6 冷拔 Cu-Nb 复合材料 TEM 照片

影响 Cu-Nb 系原位形变复合材料的性能的因素较多,包括材料自身的内部因素(复合材料中两相的体积分数、复合坯料中各相的尺寸大小等)和外部因素(冷变形方法、变形量、是否采用中间退火等)。研究发现,为了保证复合材料的综合性能,其中 Nb 相的体积分数需要有合理的取值。Cu-Nb 系原位形变复合材料的 Nb 含量达到 5% 时即可得到有效的强化作用,而在 15% ~ 20% 的范围内则能获得最好的力学性能。采用大的冷变形量是保证 Cu-Nb 系原位形变复合材料获得高强度的重要手段,但其影响程度又随着制备工艺的不同而有差别[20, 23]。例如,采用捆束变形法制备时冷拉工艺获得的复合材料强度增加速率低于原位变形法,前者可能导致纤维状 Nb 相的剥离而降低复合材料的强度,后者则能得到细小的纤维状增强体。因此采用捆束变形法所制备的 Cu-30% Nb 复合材料的最终强度与原位变形法制备的 Cu-15% Nb 合金基本在同一层次上,说明原位形变法能更加有效地提高复合材料的强度。

冷变形带来的组织细化以及纤维状 Nb 增强相对铜基体的塑性变形、回复和再结晶等的阻碍是带来复合材料高强度的主要机制。研究发现,冷变形加工在 Cu - Nb 系原位形变复合材料中形成孪晶结构和织构($\{111\}_{Cu}//\{110\}_{Nb}$),这些高密度的界面、晶格畸变及纳米结构均可显著提高形变铜基复合材料的强度[39]。然而 Cu 基体和 Nb 增强体之间的界面可吸收亚晶晶界,而高的冷变形量可减小 Nb 纤维的间距,因此亚结构(亚晶和位错等)的强化作用减少了,此时的实验值与采用模型计算得到的理论值比较相符。

作为原位形变铜基复合材料的典型模型材料,Cu-Nb 系复合材料的热稳定性的研究工作一直很受关注,特别是热处理过程中的微观组织演变是一个重要课题。研究发现,原位形变铜基复合材料的热稳定性随着温度升高而显著下降。Cu-10Nb 复合材料在 300 ~ 400 ℃ 有较好的热稳定性,在经过退火之后它的微观组织没有发生明显的变化。当退后温度升高时,组织的稳定性变差,例如在 900 ℃,30 min 的退火处理之后,复合材料中的 Nb 原子基本上都从固溶体中析出。退火引起的微观组织变化将导致纤维状 Nb 增强体的球化和分裂等结果,在高于 700 ℃ 的温度退火时,Nb 纤维将发生球化与长大,而且长大速率随着退火温度的增加而增大。因此也有学者提出了 Cu-Nb 系原位形变复合材料高温退火的 Nb 纤维球化模型(图 5.7、5.8)[40]。

如 5.4 节所介绍的,Cu-Nb 系原位形变复合材料的总电阻是 Cu,Nb 两相电阻和体积的函数,可以采用并联电路模型来计算,声子散射、位错散

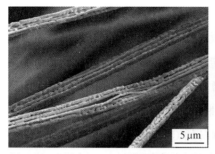
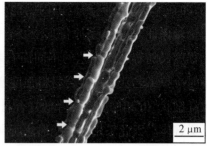

(a) 1 000 ℃ 退火 1 h 之后纤维发生纵向断裂　(b) 1 050 ℃ 退火 32 h 之后 Nb 纤维形成的
竹状结构

图 5.7　Nb 纤维在退火过程中的形貌变化

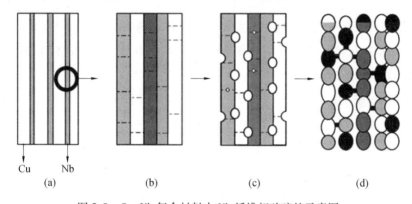

图 5.8　Cu-Nb 复合材料中 Nb 纤维相破碎的示意图

射、杂质散射和 Cu/Nb 界面散射是其电阻的主要来源,退火温度可影响上述几个因素的作用。对 Cu-Nb 系原位形变复合材料进行高温退火处理可显著减少杂质对铜基体中电子散射作用的影响,使复合材料的导电性能提高。研究也证实,退火造成的纤维状 Nb 增强相粗化减弱了界面电子散射程度;特别是在冷变形量较大($\eta \geqslant 8$)的情况下,由于复合材料的纤维组织细小,界面散射起主要作用,此时退火处理的影响尤其显著。

5.5.2　Cu-Fe 系原位形变复合材料

在 20 世纪 40 年代,Cu-Fe 系原位形变铜基复合材料就已被美国军方采用形变原位法制备出来,具有良好的综合性能。含有微量 Mg 元素的 Cu-15% Fe 原位形变复合材料的强度可达到 1 080 MPa,电导率则为 56% IACS。

169

虽然后来有一段时间相关的研究没有升温,但是近 30 年来,Cu-Fe 二元系和 Cu-Fe-X 三元系原位形变复合材料重新受到重视,尤其是 Fe 原材料的成本很低廉,而且它和 Cu 基体之间的变形协调性很好,有助于降低变形加工的成本、简化工艺,因此该体系原位复合材料有良好的应用前景。

与 Cu-Cr 和 Cu-Nb 等体系的原位形变铜基复合材料相比,Cu-Fe 系复合材料的导电性能相对较差。分析发现,Fe 元素在液态 Cu 中的溶解度较高,因此对铜基复合材料的导电性能影响很大,研究也已证实在铜基体中溶入0.1% 的 Fe 元素可使导电性下降30% 。因此,Cu-Fe 系原位形变复合材料的制备过程中要尽量避免 Fe 元素溶入 Cu 基体中,并使其析出成为增强体。因此可选择粉末冶金法来制备复合材料的合金坯料,尽量采用较低的粉末冶金制备温度,缩短热加工时间,并且在拉拔变形过程中加入中间热处理来加速 Fe 的沉淀。

Cu-Fe 系复合材料的坯料的原始微观组织受到制备工艺的影响。Fe 质量分数为11% ~17% 时的铸态组织由铜基体和树枝状的 α-Fe 所组成,Fe 含量越高则树枝状相的直径越大,如图 5.9 所示[41]。采用多次中间热处理和冷变形量为 7.6 的变形处理,Fe 质量分数为 20% 的原位形变复合材料获得较好的综合性能,强度和电导率分别为 930 MPa 和 62.2% IACS,但其强度仍低于预测值[22]。

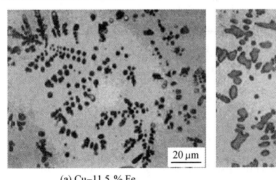
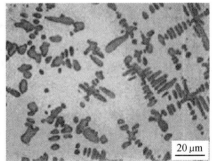

(a) Cu-11.5 % Fe   (b) Cu-17.5 % Fe

图5.9　Cu-Fe 复合材料坯料的铸态光学显微组织

值得指出的是,如果采用快速凝固粉末为原材料,粉末冶金法制备 Cu-Fe 复合材料的坯料,则最终合成的原位形变复合材料可获得很高的强度。例如,采用粉末冶金法压制体积分数 15% Fe 的 Cu-Fe 系快速凝固合金粉末获得的坯料的原始微观组织非常细小,因此在变形量为 5 的拉拔应变后复合材料的强度即可达 1 000 MPa[42,43]。变形量对该复合材料微观组织大小有显著的影响(图 5.10)。当变形量超过 7 后,纤维状 Fe 增强体显著细化,横截面直径约为 4 nm,接近理论强度值(4 GPa)。采用该法制备的 Cu-Fe 系原位形变复合材料在屈服过程中 Fe 纤维仍为弹性变形,只有铜基体达到屈服阶段。复合材料的屈服强度和抗拉强度均接近饱和值。

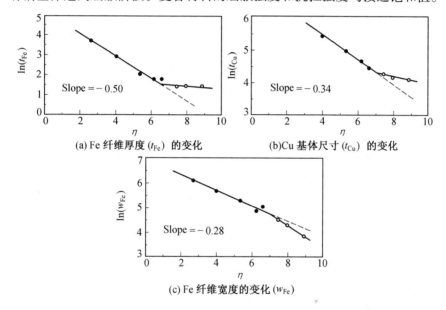

(a) Fe 纤维厚度(t_{Fe})的变化   (b)Cu 基体尺寸(t_{Cu})的变化

(c) Fe 纤维宽度的变化(w_{Fe})

图 5.10 复合材料微观结构尺寸的自然对数与拉拔应变的关系

为了进一步改善 Cu-Fe 系原位形变复合材料材料的性能,可添加 Ag,Cr,Co 等合金元素,并结合热处理和后续加工工艺,发展三元系高强高导铜基复合材料,其中,Cu-Fe-Ag 三元系原位复合材料是重要的体系之一[44]。在 Cu-Fe 二元系原位复合材料的基础上加入结构与 Cu 接近的 Ag 元素,可使复合材料获得良好的导电性能和强度。因为 Ag 元素可优先于 Fe 元素而溶解在铜基体,而且 Ag 固溶于铜基体中所造成的附加电阻率显著低于 Fe 元素的作用,有利于将 Fe 元素溶解于基体所造成的电导率下降的程度降到最低。实验证实,在 Cu-9% Fe 二元系形变复合材料分别加入少量的 Ag,Cr 和 Co 元素,Ag 元素的微观组织的细化作用显著高于另外两者,而且可促进退火过程中 Fe 从铜基体中的析出,使得复合材料具有更好的综合性能。同时,加入 Ag 可使 Cu-Fe 合金坯料中 Fe 相的树枝状结构变得更加细小。

在 Cu-Fe 系原位复合材料中加入 Cr 元素主要溶解 Fe 相之中,在最终成形的铜基复合材料中起到强化纤维状 Fe 增强体的作用。由于 Cu-Fe-Cr 系复合材料的原始组织中树枝晶比 Cu-Fe-Ag 系粗大,因此其综合性能稍低于后者,例如在经过 450 ℃ 中间热处理制备的 Cu-Fe-Cr 系复合材料的电导率和强度分别为 45.5% IACS 和 771 MPa,其导电性稍低,而如果与其他微量元素同时添加,则还会使导电性能进一步恶化。Co 在 Cu-Fe 系原位复合材料中的存在方式及所起作用与 Cr 元素类似,可提高原始组织的形核率而细化微观组织,提高了强度和导电性[45, 46]。

5.5.3 Cu-Cr 系原位形变复合材料

Cu-Cr 系原位形变复合材料与 Cu-Fe 系类似,生产成本也比较低,因此有较好的应用前景。如前所述,由于室温下 Fe 元素在铜基体中的固溶度远超过其平衡溶解度,因此 Cu-Fe 系复合材料的导电性能相对较差;由于 Cr 元素在 Cu 中的溶解度小,在室温下接近零,因此 Cu-Cr 系原位形变复合材料比 Cu-Fe 系的导电性能更好,是当前重点发展的高性能铜基原位复合材料体系之一。

Cu-Cr 系原位形变复合材料的母合金坯料是通过熔炼过共晶成分的 Cu-Cr 合金而成的两相组织,其中先共晶 Cr 相以树枝状的形态分布在铜基体中(图 5.11)[47]。对 Cu-Cr 坯料进行大变形量的冷拉伸或轧制等塑性变形,使其形成内部组织为取向一致的纤维态,长径比很大的原位 Cr 相与 Cu 相均匀分布。因此,原位复合材料的性能呈现很强的各向异性。例如,在与 Cr 纤维排列方向平行及垂直的方向上传导电流时,复合材料的导电性能差别很大。目前,Cr 质量分数为 15% 的 Cu-Cr 系原位形变复合材料在变形量为 4.6 时,强度和电导率分别达到 700 MPa 和 40% IACS,在更高的冷变形量加工时可获得 1 000 MPa 以上的抗拉强度;如果进行固溶时效处理,则电导率可达80% IACS。

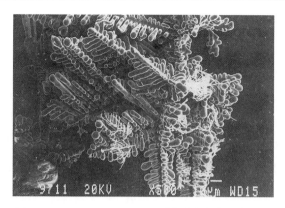

图 5.11　Cu–10% Cr–1% Ag 原位形变复合材料

母合金坯料中的 Cr 树枝晶形貌

图 5.12 对比了 Cu–Cr 复合材料及纯铜、铜合金（黄铜和青铜）的疲劳强度–抗拉强度的关系[48]。测得的纯铜和 Cu–15% Cr 复合材料的数据采用圆形和正方形的符号表示。可以看到，随着抗拉强度一直增加到 400 MPa，材料的疲劳强度也一直增加。当抗拉强度超过 400 MPa 之后，疲劳强度趋于饱和（不超过 200 MPa）。

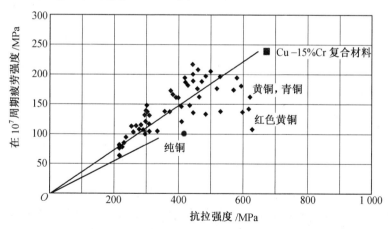

图 5.12　铜合金及其复合材料的疲劳强度和抗拉强度关系

纯铜的疲劳强度明显低于铜合金及复合材料的值。复合材料的疲劳强度和抗拉强度均比纯铜和铜合金有显著的提高。在 $g = 8.2$ 的冷拔变形处理之后，复合材料的抗拉强度增加到约 1 030 MPa。冷变形率为 $g = 6.94$ 的复合材料其疲劳强度比 $g = 4.66$ 的要高。对于上述两种变形量的

173

情况,疲劳强度的增幅几乎与抗拉强度的增幅相当。

研究材料的疲劳断裂过程,发现纯铜的疲劳裂纹通过滑动机制在样品的表面形成(图 5.13)。对于 Cu-Cr 复合材料,疲劳裂纹则从距样品表面较近的 Cr 的大颗粒处形成,因此减少铜基体中的大的 Cr 颗粒,有助于提高复合材料的疲劳强度。在 Cu-Cr 原位复合材料中,疲劳裂纹在遇到 Cr 纤维之后,将改变扩展方向,沿着与受力方向平行的纤维方向扩展,造成纤维和铜基体之间界面的脱粘。与纯铜相比,复合材料的疲劳裂纹抗力和疲劳强度均有显著的提高。

近年来,通过合金化法来改变 Cu-Cr 系原位形变复合材料的凝固行为(主要针对坯料的微观组织)和塑性变形过程中的微观组织演变来改善材料性能的工作被广泛展开。常用的元素包括 Co,Ti,C,Zr,Ag 等,在不增加变形量的条件下,合金元素可显著地细化第二相,使 Cu-Cr 系原位形变复合材料同时具有高的强度和导电性能[49]。

(a) 宏观特征　　　　　　　　(b) 疲劳裂纹区

(c) 疲劳裂纹发源区　　　　　　(d) 疲劳裂纹扩展区

图 5.13　Cu-15% Cr 原位形变复合材料的疲劳断面

Zr 元素的微合金化作用较好,它使 Cu-Cr 系复合材料中的 Cr 相分布更加均匀、弥散,从而在保持铜基体良好的导电和导热性能的前提下提高复合材料的强度。在 Cu-10Cr 合金中添加质量分数 0.4% 的 Zr 可使 Cr 析出相明显细化,其直径由 15 ~ 80 μm 减小为 10 ~ 20 μm。而塑性变形则减小了复合材料中 Cr 相的间距,使其宽厚比增加,纤维相发生弯曲和扭折。在变形率为 6.2 时,Cr 纤维相的变形和分布逐渐趋于均匀,其厚度可达到 250 ~ 350 nm,而原位形变复合材料的抗拉强度则达到 1 089 MPa[50, 51]。

C 也是一种 Cu-Cr 系原位形变复合材料较好的微合金化元素,具有较显著的细化母合金坯料的微观组织以及复合材料最终组织的作用,通常以 Cr23C6 粉末的形式加入复合材料中。Cu-15% Cr-C 原位形变复合材料的强度和电导率分别为 1 200 MPa 和 38% IACS,在 500 ℃ 下热处理 1 h,可获得强度 960 MPa、电导率 73% IACS 的综合性能,显著高于同种工艺制备但是不含 C 元素的复合材料[52]。微量的 Sn,Ti 等元素可在一定程度上阻碍冷变形过程中铜基体的回复和再结晶,后续进行的时效处理促进了 Cr 相的沉淀,有助于二次硬化,因此采用这些元素微合金化的 Cu-15% Cr 复合材料在保持电导率 70% IACS 的前提下,强度达到 1 150 MPa [53]。

5.5.4 Cu-Ag 系原位形变复合材料

Cu-Ag 系和 Cu-Nb 系原位形变复合材料都是具有高抗拉强度和导电性能的功能材料,但后者的 Nb 原料由于熔点高,因此难以熔炼,冷变形加工相对较难,不利于工业化规模生产。Cu-Ag 系母合金熔点较低(<1 100 ℃),采用熔铸法可制备出大规格铸锭,从而在后续的冷加工中可进行大变量的塑性变形,获得高的力学性能。

Cu-Ag 二元系是典型的共晶体系,一般选择成分范围 Cu-(6% ~ 30%)Ag 来熔铸原位形变复合材料母合金成分[54~56]。在 Ag 质量分数小于 6% 时,Cu-Ag 二元合金的铸态组织由单一的富 Cu 相构成(图 5.14(a))。当 Ag 质量分数为 6% ~ 15% 时,合金的铸态组织由富 Cu 相固溶体和共晶组织(Cu +Ag)所组成,(Cu +Ag)共晶组织呈不连续的岛状分布于铜枝晶间隙(图 5.14(b))。在 Ag 质量分数超过 24% 时,合金的铸态显微组织主要由富 Cu 相和网状的共晶组织组成(图 5.14(c)),这种显微组织有助于提高复合材料的强度和韧性。

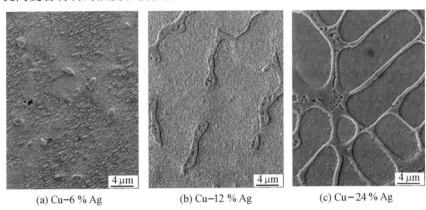

(a) Cu-6 % Ag (b) Cu-12 % Ag (c) Cu-24 % Ag

图 5.14 Cu-Ag 系原位形变复合材料的 FESEM 铸态显微组织

  Cu-Ag 系坯料的微观组织对于最终的原位形变复合材料的组织和性能影响很大,因此需要采用不同措施来获得细小、均匀的原始组织,微合金化、凝固过程调控和热处理都是重要的手段。凝固速度会影响 Cu-Ag 系母合金坯料的固溶度,快速冷却工艺带来的非平衡凝固能显著地提高 Ag 在 Cu 中的固溶度,例如在冷却速度为 5.8×10^3 K/s 时,Cu-10% Ag 的铸态组织中共晶体所占比例为 57 K/s 冷却速度时的 2 倍[57]。稀土是很好的细化 Cu-Ag 系母合金铸态组织中富 Cu 相和共晶组织的合金化元素,微量的稀土元素还会影响 Ag 在初晶 Cu 中的固溶度,因此改善母合金的原始组织和最终复合材料的综合性能[58]。中间热处理是改善 Cu-Ag 系母合金微观组织的另一个重要途径,它改变了组织中富 Cu 相和 Ag 相的排列,促进后续的协调变形[59],也促进了固溶原子的时效析出,一方面减少了电子的固溶散射,提高合金的电导率,另一方面产生时效强化效应。

  Cu-Ag 系原位形变复合材料为 fcc-fcc 的组成形式,由于组元具有相同的滑移系,在塑性变形过程中的应变基本同步。因此在经过拉拔处理之后,在 Cu-Ag 复合材料内部形成强烈的织构,随着应变量的增加,平行于拉拔方向的织构强度增强,Cu 和 Ag 两相的取向关系为(100)Cu‖(100)Ag 和[011]Cu‖[011]Ag[60]。在相同的冷变形量时,Cu-Ag 系原位形变复合材料比 Cu–Nb,Cu–Cr,Cu–Fe 等其他 fcc–bcc 体系复合材料具有更高的强度。中间热处理可使 Cu–Ag 系原位形变复合材料的组织发生回复和再结晶,晶粒的取向发生转变。例如,Ag 体积分数为 21.5% 的 Cu–Ag 系复合材料在经过 4 次中间热处理后,其抗拉强度和电导率分别从 750 MPa,73% IACS 提高到 1 050 MPa,80% IACS。以此二元系为基础,近年来还陆续发展了 Cu–Ag–Nb,Cu–Ag–Cr,Cu–Ag–Zr 等三元系原位形变铜基复合材料[61~63]。

参考文献

[1] FUNKENBUSCH P D, LEE J K, COURTNEY T H. Ductile two–phase alloys: prediction of strengthening at high strains [J]. Metallurgical Transactions A, 1987, 18(7): 1249–1256.

[2] SPITZIG W A, DOWNING H L, LAABS F C, et al. Strength and electrical conductivity of a deformation – processed Cu – 5 Pct Nb composite [J]. Metallurgical Transactions A, 1993, 24(1): 7–14.

[3] SAKAI Y, SCHNEIDER – MUNTAU H J. Ultra – high strength, high conductivity Cu – Ag alloy wires [J]. Acta materialia, 1997, 45(3): 1017–1023.

[4] HERINGHAUS F, SCHNEIDER – MUNTAU H J, GOTTSTEIN G. Analytical modeling of the electrical conductivity of metal matrix composites: application to Ag–Cu and Cu–Nb[J]. Materials Science and Engineering: A, 2003, 347(1): 9–20.

[5] GHOSH G, MIYAKE J, FINE M E. The systems–based design of high–strength, high – conductivity alloys [J]. JOM Journal of the Minerals, Metals and Materials Society, 1997, 49(3): 56–60.

[6] FROMMEYER G, WASSERMANN G. Anomalous properties of in-situ-produced silver-copper compositewires I. Electrical conductivity [J]. Physica status solidi (a), 1975, 27(1): 99–105.

[7] SONG J S, HONG S I, KIM H S. Heavily drawn Cu-Fe-Ag and Cu-Fe-Cr microcomposites[J]. Journal of Materials Processing Technology, 2001, 113(1): 610-616.

[8] LEPRINCE-WANG Y, HAN K, HUANG Y, et al. Microstructure in Cu-Nb microcomposites[J]. Materials Science and Engineering: A, 2003, 351 (1): 214-223.

[9] HONG S I, HILL M A. Mechanical properties of Cu-Nb microcomposites fabricated by the bundling and drawing process[J]. Scripta materialia, 2000, 42(8): 737-742.

[10] HONG S I, KIM H S, HILL M A. Strength and ductility of heavily drawn bundled Cu - Nbfilamentary microcomposite wires with various Nb contents[J]. Metallurgical and Materials Transactions A, 2000, 31 (10): 2457-2462.

[11] MASUDA C, TANAKA Y. Fatigue properties of Cu-Cr in situ composite[J]. International journal of fatigue, 2006, 28(10): 1426-1434.

[12] SAKAI Y, INOUE K, ASANO T, et al. Development of high-strength, high-conductivity Cu-Ag alloys for high-field pulsed magnet use[J]. Applied physics letters, 1991, 59(23): 2965-2967.

[13] 宁远涛, 张晓辉, 张婕. 大变形 Cu-Ag 合金原位纤维复合材料的稳定性[J]. 中国有色金属学报, 2005, 15(4): 506-512.

[14] LIU J B, MENG L, ZENG Y W. Microstructure evolution and properties of Cu - Agmicrocomposites with different Ag content [J]. Materials Science and Engineering: A, 2006, 435: 237-244.

[15] Liu Ying, Shao Shuang, Liu Keming, et al. Study on the Thermal Stability of Cu-14 Fe in Situ Composite without and with Trace Ag[J]. Journal ofShanghai Jiaotong University, 2012, 17(3): 268-272.

[16] Wang Engang, Qu Le, Zuo Xiaowei, et al. Thermal Stability of Fe Filaments in Deformed Cu - Fe Composites [C]//Materials Science Forum. 2010, 654: 2720-2723.

[17] SANDIM H R Z, SANDIM M J R, BERNARDI H H, et al. Annealing effects on the microstructure and texture of a multifilamentary Cu – Nb composite wire[J]. Scripta materialia, 2004, 51(11): 1099–1104.

[18] Gao Haiyan, Wang Jun, Sun Baode. Effect of Ag on the thermal stability of deformation processed Cu–Fe insitu composites[J]. Journal of Alloys and Compounds, 2009, 469(1): 580–586.

[19] BEVK J, HARBISON J P, BELL J L. Anomalous increase in strength of in situ formed Cu–Nb multifilamentary composites[J]. Journal of Applied Physics, 1978, 49(12): 6031–6038.

[20] SPITZIG W A. Strengthening in heavily deformation processed Cu – 20% Nb[J]. Acta metallurgica et materialia, 1991, 39(6): 1085 – 1090.

[21] VERHOEVEN J D, CHUEH S C, GIBSON E D. Strength and conductivity ofin situ Cu – Fe alloys[J]. Journal of materials science, 1989, 24(5): 1748–1752.

[22] GO Y S, SPITZIG W A. Strengthening in deformation-processed Cu – 20% Fe composites[J]. Journal of materials science, 1991, 26(1): 163–171.

[23] SPITZIG W A, PELTON A R, LAABS F C. Characterization of the strength andmicrostructure of heavily cold worked Cu+Nb composites[J]. Acta Metallurgica, 1987, 35(10): 2427–2442.

[24] HONG S I, HILL M A. Microstructural stability and mechanical response of Cu – Ag microcomposite wires[J]. Acta materialia, 1998, 46(12): 4111–4122.

[25] BISELLI C, MORRIS D G. Microstructure and strength of Cu+Fe in situ composites obtained from prealloyed Cu Fe powders [J]. Acta metallurgica et materialia, 1994, 42(1): 163–176.

[26] BISELLI C, MORRIS D G. Microstructure and strength of Cu Fe in Situ composites after very high drawing strains [J]. Acta materialia, 1996,

44（2）：493-504.

[27] HONG S I. Yield strength of a heavily drawn Cu – 20% Nb filamentarymicrocomposite [J]. Scripta materialia, 1998, 39（12）：1685-1691.

[28] RAABE D, HANGEN U. Simulation of the yield strength of wire drawn Cu-based in-situ composites[J]. Computational Materials Science, 1996, 5（1）：195-202.

[29] HANGEN U, RAABE D. Modelling of the yield strength of a heavily wire drawn Cu – 20% Nb composite by use of a modified linear rule of mixtures[J]. Acta metallurgica et materialia, 1995, 43（11）：4075-4082.

[30] RAABE D. Simulation of the resistivity of heavily cold worked Cu-20% Nb wires[J]. Computational materials science, 1995, 3（3）：402-412.

[31] RAABE D, HANGEN U. Introduction of a modified linear rule of mixtures for the modelling of the yield strength of heavily wire drawn in situ composites [J]. Composites science and technology, 1995, 55（1）：57-61.

[32] VERHOEVEN J D, DOWNING H L, CHUMBLEY L S, et al. The resistivity and microstructure of heavily drawn Cu-Nb alloys[J]. Journal of applied physics, 1989, 65（3）：1293-1301.

[33] SONG J S, HONG S I, KIM H S. Heavily drawn Cu – Fe – Ag and Cu–Fe–Cr microcomposites [J]. Journal of Materials Processing Technology, 2001, 113（1）：610-616.

[34] KARASEK K R, BERK J. Normal-state resistivity of in situ-formed ultrafine filamentary Cu-Nb composites[J]. Journal of Applied Physics, 1981,52（3）:1370-1375.

[35] DINGLE R B. The electrical conductivity of thin wires[J]. Proceedings of the Royal Society ofLondon. Series A. Mathematical and Physical Sciences, 1950, 201（1067）：545-560.

[36] SONG J S,KIM H S,LEE C T,et al. Deformation processing and mechanical properties of Cu–Cr–X (X = Ag or Co) microcomposites[J]. Journal of Materials Processing Technology, 2002,130:272

[37] KIM Y S,SONG J S,HONG S I. Deformation processing and mechanical properties of Cu–Cr–X (X = Ag or Co) microcomposites[J]. Journal of Materials Processing Technology, 2002,130: 272–277.

[38] VERHOEVEN J D, DOWNING H L, CHUMBLEY L S, et al. The resistivity and microstructure of heavily drawn Cu-Nb alloys[J]. Journal of Applied Physics, 1989,65(3):1293–1301.

[39] LEPRINCE–WANG Y, HAN K, HUANG Y, et al. Microstructure in Cu–Nb microcomposites [J]. Materials Science and Engineering: A, 2003, 351(1): 214–223.

[40] SANDIM H R Z, SANDIM M J R, BERNARDI H H, et al. Annealing effects on the microstructure and texture of a multifilamentary Cu–Nb composite wire[J]. Scripta materialia, 2004, 51(11): 1099–1104.

[41] 葛继平, 姚再起.高强度高导电的形变 Cu-Fe 原位复合材料[J].中国有色金属学报, 2004, 14(4):569–570.

[42] BISELLI C, MORRIS D G. Microstructure and strength of Cu–Fe in Situ composites after very high drawing strains [J]. Acta materialia, 1996, 44(2): 493–504.

[43] BISELLI C, MORRIS D G. Microstructure and strength of Cu–Fe in situ composites obtained from prealloyed Cu – Fe powders [J]. Acta metallurgica et materialia, 1994, 42(1): 163–176.

[44] Gao Haiyan, Wang Jun, Sun Baode. Effect of Ag on the thermal stability of deformation processed Cu–Fe in situ composites[J]. Journal of Alloys and Compounds, 2009, 469(1): 580–586.

[45] SONG J S, HONG S I. Strength and electrical conductivity of Cu–9Fe–1.2 Co filamentary microcomposite wires [J]. Journal of alloys and compounds, 2000, 311(2): 265–269.

[46] HONG S I, SONG J S, Kim H S. Thermo-mechanical processing and properties of Cu-9Fe-1.2 Co microcomposite wires [J]. Scripta materialia, 2001, 45(11): 1295-1300.

[47] RAABE D, MIYAKE K, TAKAHARA H. Processing, microstructure, and properties of ternary high-strength Cu-Cr-Ag in situ composites[J]. Materials Science and Engineering: A, 2000, 291(1): 186-197.

[48] MASUDA C, TANAKA Y. Fatigue properties of Cu-Cr in situ composite[J]. International journal of fatigue, 2006, 28(10): 1426-1434.

[49] SONG J S, KIM H S, LEE C T, et al. Deformation processing and mechanical properties of Cu-Cr-X (X=Ag or Co) microcomposites [J]. Journal of materials processing technology, 2002, 130: 272-277.

[50] 邓鉴棋, 张修庆, 尚淑珍, 等. Cu-10Cr-0.4 Zr形变原位复合材料的组织演变特征[J]. 材料工程, 2010 (4): 59-62.

[51] ZHANG D L, MIHARA K, TSUBOKAWA S, et al. Precipitation characteristics of Cu-15Cr-0.15Zr in situ composite [J]. Materials science and Technology, 2000, 16(4): 357-363.

[52] HIROWO G, SUZUKI. Chapter 19. High-strength high-conductivity copper composites. Metal and Ceramic Matrix Composites[M]. Edited by Fionn Dunne, Brian Cantor, and Ian Stone. Taylor & Francis, 2003.

[53] ZHANG D L, MIHARA K, TAKAKURA E, et al. Effect of the amount of cold working and ageing on the ductility of a Cu-15% Cr-0.2% Ti in-situ composite[J]. Materials Science and Engineering: A, 1999, 266(1): 99-108.

[54] SAKAI Y, INOUE K, ASANO T, et al. Development of a high strength, high conductivity copper-silver alloy for pulsed magnets[J]. Magnetics, IEEE Transactions on, 1992, 28(1): 888-891.

[55] SAKAI Y, INOUE K, MAEDA H. New high-strength, high-conductivity Cu-Ag alloy sheets[J]. Acta metallurgica et materialia, 1995, 43(4): 1517-1522.

[56] SAKAI Y, SCHNEIDER – MUNTAU H J. Ultra – high strength, high conductivity Cu – Ag alloy wires[J]. Acta materialia, 1997, 45(3): 1017–1023.

[57] 宁远涛, 张晓辉, 秦国义, 等. 不同凝固条件制备的 Cu–Ag 合金原位纤维复合材料的结构与性质 [J]. 贵金属, 2005, 26(3): 39–50.

[58] LIU J B, ZHANG L, MENG L. Effects of rare–earth additions on the microstructure and strength of Cu–Ag composites[J]. Materials Science and Engineering: A, 2008, 498(1): 392–396.

[59] Ning Yuantao, Zhang Xiaohui, Wu Yuejun. Electrical conductivity of Cu–Ag in situ filamentary composites [J]. Transactions of Nonferrous Metals Society ofChina, 2007, 17(2): 378–383.

[60] HAN K, EMBURY J D, SIMS J R, et al. The fabrication, properties and microstructure of Cu–Ag and Cu–Nb composite conductors[J]. Materials Science and Engineering: A, 1999, 267(1): 99–114.

[61] MATTISSEN D, RAABE D, HERINGHAUS F. Experimental investigation and modeling of the influence of microstructure on the resistive conductivity of a Cu – Ag – Nb in situ composite [J]. Acta Materialia,1999,47(5): 1627–1634.

[62] ZHANG L, MENG L. Microstructure and properties of Cu–Ag, Cu–Ag–Cr and Cu–Ag–Cr–RE alloys[J]. Materials science and technology, 2003, 19(1): 75–79.

[63] JIA S G, NING X M, LIU P, et al. Age hardening characteristics of Cu–Ag–Zr alloy[J]. Metals and materials international, 2009, 15(4): 555–558.

第6章 铜基复合材料界面

6.1 复合材料界面概述

6.1.1 复合材料界面研究现状简述

与单相材料不同,复合材料的多相组成使其具有特殊的结构和性能,而界面则是其微观结构的最显著特征。复合材料中单位体积内的相界面积很大,因此相界面一直是复合材料的关键问题。界面是指基体与增强体之间化学成分有显著变化而且能传递载荷的微小区域,厚度不均匀,尺度范围从纳米级到微米级。界面区域包含基体和增强体的部分原始界面、基体与增强体相互作用生成的反应物、产物与基体及增强体的接触面、基体与增强体的互扩散层、增强体的表面涂层、基体和增强体的氧化物及它们的反应物等,由它们中的若干种组成。除了来自基体、增强体及涂层的主要元素外,界面区域还可能有来自基体的杂质元素和制备过程中由环境引入的杂质,使得界面上的化学成分和相结构都很复杂。

复合材料存在多种界面结合形式,即使某一特定的复合材料体系中通常也存在不止一种界面结合机制,根据制备方法或使用环境的不同复合材料的界面结合形势也可能发生变化。

根据界面结合性质的不同,通常分为下面 5 种主要形式。

1. 机械结合

机械结合是基体与增强体表面之间以机械啮合的方式实现组元的界面结合的方式,比如台阶状或锯齿状界面。组元间的机械啮合作用越强,界面结合力(尤其是剪切强度)越大。通常情况下,复合材料中机械结合不是单一存在的,而是和其他类型的结合形式共存的。

2. 静电作用结合

静电作用结合是由于基体和增强体表面带有异性电荷,而产生静电吸引作用从而形成的界面结合方式。静电作用的结合强度由界面两侧组元的表面电荷量决定,并且静电作用只在原子尺度的短程范围内存在。因此,静电结合只有基体与增强体直接接触才有可能产生,而残余气体和表面杂质的存在将会减弱静电作用结合。

3. 化学结合

化学结合是通过基体和增强体表面之间发生电子转移从而形成的界面原子间的化学键结合。最常见的键合类型是原子键,而化学键的类型和单位面积的键数影响着结合强度,一般情况下,化学结合界面通常呈二维平面。

4. 扩散结合

在一定条件下,复合材料基体和增强体的界面处发生原子或分子的相互扩散和溶解形成扩散结合的界面形式,这种方式称为扩散结合。扩散结合现象存在于很多复合材料中,例如,在 SiC/Al 复合材料中的 SiC 颗粒表面区域有铝元素的化学梯度,这是因为在界面区域 Al 向 SiC 扩散的缘故。扩散结合层与基体和增强体的原始成分和性质均不同,它将会显著影响复合材料的力学、腐蚀和摩擦等性能。

5. 界面化学反应结合

界面化学反应结合是复合材料的增强体与基体在界面处通过化学反应生成新相而进行的界面结合方式。在这一类结合中界面反应所生成的新相通常为脆性相,从而造成复合材料受载时容易发生界面脆性脱粘,使其力学性能恶化。具有该类结合的复合材料,其性能会受到界面反应物、反应层厚度、反应物形貌以及反应物,与基体和增强体的结合强度等因素的影响。

不同的界面反应会在增强体表面形成不同形态和厚度的脆性层,有不同的界面强度,而界面结合强度也影响复合材料的残余应力分布和断裂过程等。其中强界面反应将造成强界面结合,甚至造成增强体损伤和基体成分的改变。按照界面结合强弱的不同,可将界面反应程度分为三类:

（1）弱界面反应。由于界面反应轻微,不会造成增强体损伤及性能下降,有助于基体与增强体的浸润、复合和形成强度适中的界面结合。

（2）中等程度界面反应。虽然产生了界面反应产物,但未引起增强体损伤,而界面结合作用却明显增强,承受外载荷时不易发生因界面脱粘使裂纹向增强体内部扩展而出现的脆性破坏。

（3）强界面反应。形成大量的脆性界面反应产物,同时造成增强体的严重损伤及强度下降,使得复合材料的性能反而低于基体的性能。

在上述复合材料的5种结合方式中,界面化学反应和扩散影响着复合材料的界面结构和特性,这两种结合方式对金属基复合材料的影响也是最为重要的。

对于金属基复合材料而言,其界面结合形式也是非常复杂的,这是因为：

①金属基复合材料的制备温度通常较高,往往超过金属熔点或者接近熔点,高温会增加元素的化学活性,使得金属基复合材料的基体与增强体会发生不同程度的界面化学反应；

②金属基复合材料基体和增强体的元素组成通常比较复杂,金属基体在凝固、冷却、热处理过程中有可能发生元素偏聚和相变、元素扩散、固溶等变化。这些变化都会使得金属基复合材料的界面结构形式更加复杂。

金属基复合材料的组分特征、制备工艺和参数都会影响界面反应的程度。由于高温下金属基体和增强体的化学活性均显著增加,因此,制备温度越高或是在高温停留的时间越长,组元之间发生反应的可能性和程度就会增大。因此,严格控制制备温度和高温下的停留时间是获得高性能复合材料的关键。

此外,由于金属基复合材料往往是在较高温度且承载的环境下工作,很多情况下为了成形或进一步提高性能,还要进行后续的热加工,因此界面的稳定性显得尤为重要。但是,在高温条件下金属基复合材料的界面通常不稳定,其表现形式有多种：发生熔解和析出型不稳定造成界面污染,在界面生成脆性化合物(即化学不稳定性),降低材料的力学性能等。要尽量避免界面不稳定现象的发生,比如尽可能降低脆性化合物的厚度和体积分数,以保证复合材料性能的稳定等。

6.1.2 复合材料界面组织结构及其表征

复合材料界面的原子键合和化学组成不同于界面两侧的增强体和基体,界面与界面两侧的性质有很大的差别,化学反应在界面上更容易发生从而引起结构和性能的变化,所以界面上力学、化学以及电热等各种功能的传递是实现性能优化的关键。因此,为了更深层次上理解复合界面与材料性能之间的关系,为开发高性能的复合材料提供基础信息,必须深入了解界面的几何特征、化学键合方式、界面结构、界面缺陷、界面稳定性与界面反应等问题。

研究复合材料界面,首先要确定是否有新相在此形成。生成界面产物的途径包括增强体与基体通过扩散反应形成新相,以及基体组元与相界处杂质元素反应在界面处优先形核形成新相等。目前,已发展了多种针对金属基复合材料界面分析的实验手段,获得界面形貌、结构和成分特征等重要信息。例如,采用 X 射线、能谱和选区衍射进行界面的微区结构和成分分析,通过明场像或暗场像观察界面区域的形貌,利用电子能量损失谱分析界面区域细小析出物的结构和成分。这些分析均为深入了解界面相结构及其对复合材料性能的影响,为复合材料体系(包括基体合金成分以及增强体种类)设计提供参考。

增强体加入金属基体中,通常会引起界面附近靠近金属基体一侧的组成和结构发生变化,对复合材料性能有重要的影响。例如,在欠时效的15%SiC-2XXXAl 界面附近,铝合金一侧固溶偏析 Mg 的原子数分数为4.5%,Cu 的原子数分数为9%,显著高于原来基体铝合金中原子数分数的1.67% Mg 和 1.45% Cu,这使得界面区域附近 Al 基体的熔点降低,因此当温度(或局部温度)升高时,可能引起 SiC-Al 界面的局部熔化,使复合材料强度下降[1]。

界面区的晶体缺陷(特别是位错)分布是分析复合材料强化机制的重要信息,而高分辨电子显微术和分析电子显微术的发展使得在原子尺度上研究界面结构和界面缺陷成为可能。由于增强体与基体的强度、模量、热膨胀系数等性能差别很大,在复合材料内形成残余应力和应变,在靠近界面的基体一侧中产生位错。金属基复合材料的强化机制主要包括,基体中亚晶尺寸减小和位错强化,其中后者被认为是最重要的因素。例如,对 SiC 晶须增强 Al 基复合材料界面的原位观测表明,由于两种组元的热膨胀系数差的存在,在冷却过程中已在界面处形成的位错,当加热到一定温度后会自行消失。但是,当重新冷却后又会再次产生,在此区域形成很高的位错密度[2]。

然而,有关复合材料中的位错强化机制还有不同的看法。由于金属基复合材料常用的各类增强体(长纤维、短纤维、晶须和颗粒等)的尺度超过 Orowan 机制发挥作用的范围,因此通常采用加工硬化机制来解释。除了通过位错强化使得界面区的基体增强之外,共格界面内原子的松弛会导致界面位错的形成,可进一步提高界面结合强度。陶瓷颗粒增强体与金属基体之间有很大的热膨胀系数差,使得界面附近的基体在冷却过程中发生塑性变形,产生高密度位错,获得复合强化的效果。

6.1.3　复合材料界面力学行为

复合材料界面起到在不同组元之间传递载荷的作用。由于组元之间的结构和性质差异较大,因此界面上的应力传递较复杂,界面力学行为的研究是认识和发展复合材料的重要问题,并已取得一定的进展。人们从不同的层次、采用不同的方法提出了复合材料的界面力学模型。

理想几何界面模型是为了简化界面问题建立的一种简单且易于分析的模型,该模型假定材料性质在界面两侧有跳跃,且位移与应力满足连续条件。然而该模型与实际界面还有较大差距,因此以此模型为基础进行的弹性分析会导致界面裂纹尖端的应力分布出现振荡,界面上位移出现交叠。界面层非均匀模型与弹簧界面模型(包括拉伸型和剪切型两类)等修正的模型,则是在理想几何模型的基础修正了不足之后发展起来的。前者消除了裂尖应力振荡,后者则假设界面层两侧的应力仍满足连续条件,但是位移量可以有间断,界面两侧的相对位移与界面应力有关。

然而在实际的界面结构中,界面两侧的组元会发生相互作用和溶解,因此界面层结构复杂且有一定的厚度。目前大多数的各种界面模型与实际界面的力学行为的相符程度尚未得到充分的实验数据的验证,因此需要将界面力学模型计算得到的理论应力值与复合材料的实际残余应力值的相符程度进行比较,以验证力学模型的准确程度。因此,复合材料界面残余应力的实验研究尤显重要。

目前测量界面区域残余应力的方法很多,包括 X 射线衍射法、中子衍射法、会聚束电子衍射法、同步辐射连续 X 射线法等。其中采用单一波长的特征 X 射线法是研究金属基复合材料界面残余应力的最常用方法,可测出界面两侧一定厚度范围内的平均残余应力,但是较难测出界面区域各处的具体应力值及其分布状态,尤其是当应变场的变化较大时无法进行准确的表征。中子衍射法是利用中子对材料的高穿透性来测量界面残余应力的方法,该法可以表征材料内部的应变情况,但是该方法所测的是体积平均应力,因此无法准确测出界面附近急剧变化的应力情况。高强度同步辐射连续 X 射线法是利用能量色散衍射具有较好穿透性和对残余应变梯度具有高的空间分辨率的优势,可测出金属基复合材料内部增强体附近的残余应变梯度,具有很高的精度,不足之处是成本较高。近年来,会聚束电子衍射法测定界面残余应力得到了很大的发展,它的空间分辨率达到数十纳米,十分适于测定复合材料界面附近急剧变化的残余应力的高精度分析,然而该法需要制备薄膜试样,破坏了材料的原始应力状态,因此适用范围比较有限[3]。

研究金属基复合材料界面微区力学性能的不均匀现象有助于了解强化机制和预测宏观力学性能及尺寸稳定性。可通过超显微硬度来测量微区的力学性能,从而直观地表征复合材料微区力学性能的不均匀现象。微区的显微硬度值与基体和增强体的性质、界面性能、增强体的尺寸、形状、分布等多种因素有着密切关系。张国定等[4]利用超显微硬度仪测量了多种纤维和颗粒增强铝基复合材料内部的微区超显微硬度,发现界面附近的超显微硬度值显著高于基体(图 6.1),可达无应力基体硬度的一倍。随着测试点与界面的距离增大,硬度逐渐下降。同时证实采用不同的制备条件和热处理状态可改变微区力学性能的不均匀性。

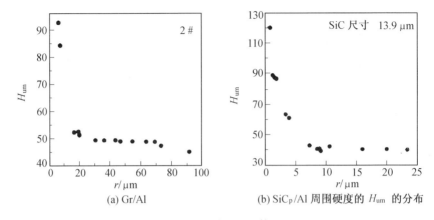

(a) Gr/Al   (b) SiC$_p$/Al 周围硬度的 H_{um} 的分布

图 6.1   单个增强体

6.2   铜基复合材料界面特征

本节将根据铜基复合材料的增强体形态和形成机理的不同,按照纤维增强铜基复合材料、非连续增强铜基复合材料、原位反应增强铜基复合材料、原位形变铜基复合材料等类型分别介绍其界面特征及其对性能的影响。需要指出的是,与铝、镁、钛等金属基复合材料相比,目前关于铜基复合材料界面的研究仍不完善,对于某些体系界面的研究还缺乏系统的认识。

6.2.1   纤维增强铜基复合材料界面

作为铜基复合材料中发展最早的一个大类,纤维增强铜基复合材料的界面有多种形式,通常可分为三个大类:

(1)纤维与铜基体互不反应也不溶解的界面,例如碳纤维、钨丝和氧化铝纤维等与铜基体的界面,它们通常是平整的,厚度仅为分子层的厚度,界面上仅含原来的组成成分。

(2)纤维与铜基体不反应但相互溶解的界面,例如采用表面镀铬的钨丝、镀镍碳纤维(或钨丝)与铜基的界面,它仍保持原始的组成成分,属于溶解扩散型界面。

（3）纤维与基体互相反应的界面，例如 Cu-Si 复合材料体系的界面，它含有亚微米级的界面反应层。

1. C_f/Cu 复合材料界面

（1）界面特征

碳纤维-铜属于互不浸润体系，在 1 100 ℃时碳纤维与液态铜的润湿角高达 140°。此外，由于它既无扩散也无化学反应，碳纤维与铜的界面主要为机械结合（图 6.2）。这些因素除了使得 C_f/Cu 复合材料中的碳纤维分散不均匀，还使复合材料为弱界面结合（横向剪切强度仅为 30 MPa），因而界面无法在铜基体金属与碳纤维之间有效地传递载荷，复合材料承受载荷时容易造成碳纤维增强体的拔出、剥离或脱落，削弱了铜基体的性能[5]。

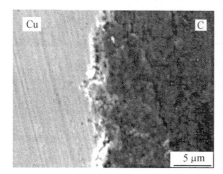 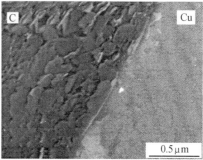

(a) SEM 图像　　　　　　　　　　(b) HRSEM 图像

图 6.2　C_f/Cu 复合材料界面区的横截面

因此，为了能制备具有优良物理和力学性能的铜-碳纤维复合材料，关键是要改善碳纤维与铜的润湿性，而基体合金化和添加纤维与基体之间的过渡层是两种主要的实现途径。基体合金化法是在铜基体中加入能与石墨在高温下反应的适量的元素，在碳纤维表面形成一层碳化物来联结纤维和铜基体，但是该法要求添加元素不明显地影响复合材料的传导性能。碳纤维的表面涂层处理则是通过在纤维表面添加一层金属或难熔化合物联结碳纤维和铜基体，使复合材料的界面结合由原来的碳纤维-金属接触变为金属-金属接触形式，可改善碳纤维与铜的润湿性，提高物理和力学性能。碳纤维表面镀层方法有化学镀、电镀、物理气相沉积、化学气相沉积和等离子溅射等。

2. 界面改性方法

（1）碳纤维表面处理工艺

对碳纤维进行表面涂层处理是改善其界面的有效途径,但表面涂层应具有以下特点:与碳纤维和铜都有较好的润湿性能;可防止组元间发生化学反应;能阻止元素扩散;具有较高的强度和低的密度。满足这些条件的涂层包括铜、镍、钛等金属和由多种元素组成的复合镀层、化合物涂层等,其中碳纤维表面镀铜是最早用于 C_f/Cu 复合材料界面改性的工艺。

碳纤维的表面涂覆工艺有很多种[6,7],可归纳为三大类:

①物理方法:包括等离子喷镀法、蒸镀法、火焰喷镀法等;

②化学方法:包括化学镀、电镀、CVD 法等;

③机械方法:包括浸涂法、淤浆法、粉末冶金法等。

碳纤维表面镀铜主要采用化学气相沉积法、电镀和化学镀。化学气相沉积法的原理是利用气态的先驱反应物,通过原子、分子间的化学反应使气态前驱体中的成分分解,而在基体上形成薄膜。根据沉积的机理不同,化学气相沉积又包括常压化学气相沉积、等离子体辅助化学沉积、激光辅助化学沉积、金属有机化合物沉积等。例如,先对碳纤维表面进行 B-Ti 化学气相沉积处理,然后再镀铜得到碳/铜复合丝,由于提高了铜基体与碳纤维的润湿性,因此界面结合改善了。

电镀是通过电化学反应使铜离子在阴极得到电子而被还原为铜,并沉积在碳纤维表面上形成铜镀层的工艺。电镀法制备的铜镀层与碳纤维的相容性良好,可直接用于组元复合之前的预镀层。该法的成本较低而且可连续生产,是目前常用的碳纤维表面改性工艺。

化学镀是利用处于同一溶液中的金属盐和还原剂在具有催化活性的基体表面上进行自催化反应,形成金属或合金镀层的表面处理技术。由于化学镀不需外加电流,因此可在非金属材料表面沉积镀层,而且可镀的零件形状复杂,镀层的厚度均匀;化学镀铜比电镀铜工艺的操作更加简便。该法制备的镀铜碳纤维强度与碳纤维原丝接近,与铜基体的结合良好。

但是,由于碳纤维表面光滑、亲油疏水、电导率较低,尤其是直径很小（单丝平均直径为 5 ~ 10 μm）,因此化学镀或电镀的铜镀层往往与它结合得不够紧密。尤其是当镀铜的碳纤维是由数千根甚至上万根单丝所组成时,里面的碳纤维往往不能被镀上铜,或是镀铜层的覆盖率不高,只有处于纤维束外部的碳纤维上有较为均匀的铜层,则碳纤维束的内部呈现黑色,即所谓的"黑心"现象。经过活化和敏化预处理后碳纤维会彼此黏在一起,导致镀液无法与纤维束里面的碳纤维接触,使得"黑心"现象更加严重。为了使铜基体能完全包覆每根纤维,需要对碳纤维表面进行预处理来去除表面的树脂和油脂,经过水洗和干燥之后,再在其表面均匀涂覆铜层,以增强碳纤维与铜涂层的结合力。制得的连续增强铜基复合材料中碳纤维与铜之间的界面结合得十分紧密,性能显著提高。

镀镍处理是进行碳纤维表面改性以改善铜基复合材料界面结构的另一个重要手段,其处理工艺主要包括电镀和化学镀两种。

电镀法制备镀镍碳纤维的主要步骤包括碳纤维清洗、敏化、活化、水洗、电镀镍、水洗、烘干等过程。与化学镀铜的原理类似,化学镀镍工艺的基本过程为:碳纤维→表面去胶→除油→粗化→中和→敏化→活化→还原→化学镀镍。目前有多种化学镀溶液,按还原剂类型可大致分为以下四种:

①次亚磷酸钠型,可得到性能优良的 Ni-P 镀层。

②硼氢化物型,如硼氢化钠,可得到 Ni-B 镀层。

③氨基硼烷型,如二甲基氨硼烷(DMAB)、二乙基氨硼烷(DEAB),常用于用于镀薄层,可得到 Ni-B 镀层。

④联氨(肼),可得到纯镍镀层。

通过碳纤维表面处理来改善 C_f/Cu 复合材料界面结构与性能的研究近年来已取得了良好的进展。目前还可涂覆除了铜和镍之外的其他金属(例如钛)、多种成分的复合镀层以及化合物层(如 Ti-B 系化合物层)。同时,还开发了溶胶-凝胶法和热扩散法等多种新的碳纤维涂层方法。通过在 C_f/Cu 复合材料的铜基体中添加 Sn,Ni,Fe 等合金元素来改善界面结合强度,采用连续三步电沉积后进行真空热压的工艺来制备 C_f/Cu 复合材料,其中合金元素在第二步电沉积过程中加入[8]。研究发现,热压制得的 C/Cu(无中间层),C/Cu(Ni),C/Cu(Fe)等复合材料的界面结合强度分别为40.7 MPa,65.8 MPa和73.7 MP,表明合金元素对界面结合的改善效果很好。在碳纤维表面涂覆金属Ti,可改善碳纤维与铜基体之间的界面结合(见图6.3),但是对C_f/Cu复合材料导热性能的影响不大[9]。

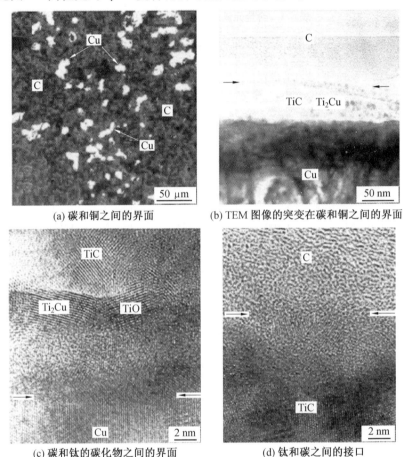

(a) 碳和铜之间的界面　　　　(b) TEM图像的突变在碳和铜之间的界面

(c) 碳和钛的碳化物之间的界面　　　　(d) 钛和碳之间的接口

图6.3 碳和铜之间的界面

(2)基体合金化

铜基体的合金化也是进行碳纤维-铜体系界面改性的另外一个重要途径。在铜基体中加入的合金元素可吸附在界面区域,甚至在该处发生反应,这些均降低了复合材料的界面张力,改善了铜和石墨的润湿性。表6.1给出了不同温度下部分合金元素及其含量对铜-石墨体系润湿性的影响[10],可以看出,合金元素的种类、含量和温度等均会影响基体合金化对铜基复合材料的界面结合。元素周期表中的 IV, V, VI 族副族元素(例如 Ni, Ti, Sn, Mo 等)能与碳生成可被液态铜基体很好地润湿的碳化物,从而提高复合材料的界面性能。

表6.1 合金元素对铜石墨浸润角的影响

液体金属	温度/℃	接触角 θ/(°)	表面张力/$(10^{-7} J \cdot cm^{-2})$
Cu+10.2% Ti	1 150	0	1 330
Cu+12.0% Cr	1 150	23	1 330
Cu+6.1% Cr	1 150	40	1 330
Cu+24% Mn	1 200	70	1 325
Cu+0.6% Cr	1 150	84	1 330
Cy+20% Ni	1 500	134	1 295
Cu+5.0% Co	1 500	138	1 315
Cu+10% Ni	1 500	139	1 295
Cu+5.0% Ni	1 500	140	1 315

铜基体合金化的实例有很多,比如:在碳纤维增强铜基复合材料的铜基体中加入 Fe 元素,将在界面形成 Fe_3C,使得碳纤维在铁中溶解[11, 12]。Ni 和 Cr 等元素则能使碳纤维与铜产生界面反应结合,Ni 元素会溶解于碳纤维表层区域中,在 C_f–Cu 界面生成 Ni_3C 的界面扩散层,Ni 在碳纤维中扩散溶解一方面使得碳纤维石墨化,降低了纤维强度,但是 C_f–Cu 的界面结合强度明显提高了(横向剪切强度达到 70 MPa)。Cr 元素则会强烈地影响 Cu 与 C 材料的润湿性,改善复合材料的界面强度。Sn 元素与碳纤维不发生反应,但对铜基体有较好的固溶强化作用,可从另一方面改善碳纤维与基体的结合,提高复合材料的强度。此外,Mo, W, Al 等元素也会在复合材料界面区域有不同的行为和影响[13]。

需要指出的是,虽然加入有的合金元素可以很好地改善碳纤维与铜基体之间的界面强度,但是与碳纤维表面处理方法相比,合金化法有时会在界面处生成反应层,会造成碳纤维的损伤,反而降低了 C_f/Cu 复合材料的导电性能和力学性能。

3. SiCf/Cu 复合材料界面

铜和 SiC 之间的润湿性较差,在 900 ℃ 以下不发生界面反应,属于弱界面结合方式[14, 15]。该复合材料的界面改性通常是对碳化硅纤维进行表面处理,形成钛、镍等金属涂层。在碳化硅纤维表面先涂覆厚度为 1 μm 的 Ti 金属,然后再与铜基体复合,发现复合过程中 Ti 与碳化硅反应生成 TiC 以及与铜基体反应生成 Cu_4Ti,Cu_4Ti_3,CuTi 和 $CuTi_2$ 等金属间化合物,增强了碳化硅纤维与铜基体的界面结合,如图 6.4、6.5 所示。采用 Ni 镀层则能与周围的铜基体形成力学性能较高的固溶体过渡层,组元间的相容性更好(图 6.6),结合强度明显提高[16]。

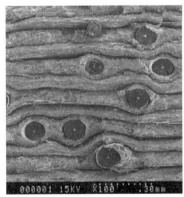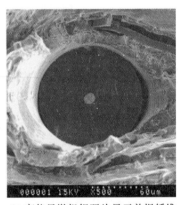

(a) SiCf-Ti-Cu 复合材料的断口形貌　　　(b) 高倍显微组织照片显示单根纤维及其周围的 Ti-Cu 基体

图 6.4　SiCp-Ti-Cu 复合材料的断口形貌

德国科学家 Brendel 等采用磁控溅射技术在碳包覆的 SiC 纤维上涂覆了厚度约为 10 nm 的 Ti 层,然后通过电镀法沉积了 Cu 层。在 550 ℃ 下热处理2 h 以形成 TiC 并减少孔隙,然后将置入直径为 10 mm、长为 70 mm 的铜包套中,并热等静压(650 ℃,10 MPa,30 min)形成复合材料。他们采用高分辨及分析透射电子显微镜和推出试验研究了纤维与基体的界面层。结果发现,热处理过程中,涂覆的 Ti 可与纤维表面的 C 层完全反应形成 TiC,增强了 SiC 纤维与铜基体之间的结合,其黏结强度为无镀层时的10 倍。

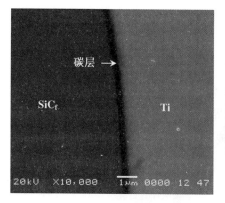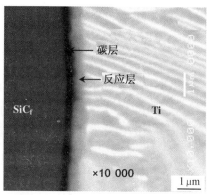

图 6.5　SiC_f/Cu 复合材料样品中的 SiC_f–Ti 界面反应区

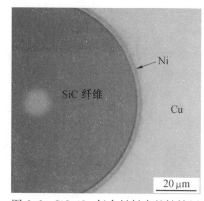

图 6.6　SiC_f/Cu 复合材料中的镀镍层

对复合材料界面进行 TEM 和 HRTEM 观察,可以发现界面区域存在一个厚度约为 65 nm 的薄层,它呈波浪状,可在碳层和铜基体之间形成良好的互锁作用,提高界面的强度。EDX 分析表明,在界面区域的过渡层两侧,Ti,C,Cu 等元素浓度呈梯度分布,因此从微观上看,该界面是具有梯度分布的模糊界面层,也有助于改善界面的结合。

图 6.7 为推出试验测试纤维完全脱粘的 P_{max} 值。可以看出,即使在样品厚度更小的情况下,具有 TiC 过渡层的样品 P_{max} 值也比没有该层的更高,计算所得的有无该层的摩擦应力 τ_f 分别为 54 MPa 和 4 MPa。具有 TiC 过渡层的样品的界面剪切强度 τ_d 及摩擦应力 τ_f 分别增加了一个数量级。

图 6.8 对比了两种界面形态的材料在推出试验后 SiC 纤维的表面形貌。可见无 TiC 过渡层的样品表面光滑,没有黏附铜,而具有 TiC 过渡层

197

的样品则发现有铜随纤维拔出,表明试验过程中后者承受的摩擦力更大,具有更好的界面结合强度。

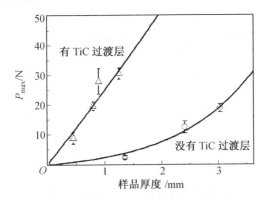

图 6.7　推出试验的最大载荷-样品厚度关系

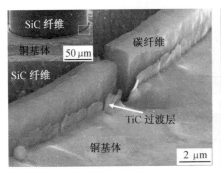

(a) 有 TiC 涂层

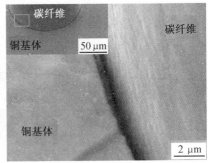

(b) 无 TiC 涂层

图 6.8　有无 TiC 涂层处理和进行了的碳纤维推出 SEM 图样

4. 金属纤维/Cu 复合材料界面

钨丝、钢丝等高强度金属纤维与铜基体之间的润湿性很好,易于与铜基体发生作用,得到结合良好的纤维-铜界面。但是由于不同金属之间的物理性质(例如热膨胀系数、熔点、沸点等)差异较大,使得合成的连续增强铜基复合材料中存在较大的热应力。如果选用的金属纤维与铜的溶解度较小,则复合材料的界面结合强度不够,容易导致界面脱粘和复合材料的分层。

目前,人们采取不同手段开发了多种金属纤维表面的过渡层,以改善纤维与铜基体之间的界面结构和力学匹配度。例如,利用磁溅射沉积法在

W纤维上形成连续梯度W/Cu涂层,再与铜复合制成连续增强铜基复合材料,其界面结构良好,获得了很好的界面改性效果。如图6.9所示,W纤维均匀地分布于铜基体中,镶嵌很紧密,复合材料的综合性能良好[17]。

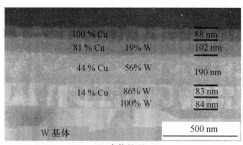

(a) 未热处理

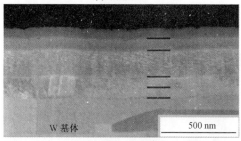

(b) 550 ℃ 热处理

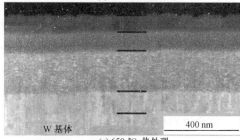

(c) 650 ℃ 热处理

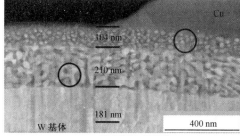

(d) 800 ℃ 热处理

图6.9 W纤维上形成的连续梯度W/Cu涂层的剖面SEM形貌

内扩散实验表明,在 W_f/Cu 复合材料的合成及使用温度范围内,其界面结合以机械锁合的方式为主。为了获得稳定且结合良好的 W_f–Cu 界面从而提高材料的性能,可通过两种途径进行复合材料的界面优化:一是通过沉积不同的中间层来促进界面的紧密化和结合强度,在纳米尺度上改善界面结构;二是对 W 纤维表面进行纳米或微米结构化,提高机械锁合的强度。他们设计了 5 种界面形式和 6 种微观结构形式进行研究。结果表明,先在 W 纤维表面形成 500 nm 厚的成分连续变化的梯度层,然后在 800 ℃进行热处理,可获得最佳的界面结合,其界面剪切强度显著提高(图6.10)。主要原因是,在800 ℃热处理可使 W_f–Cu 涂层的纳米结构通过 W/W 晶界扩散及纳米晶粒的 Ostwald 熟化而发生显著的变化,从而使得它们相互之间以及与 W 纤维基底之间的连接作用增强了。

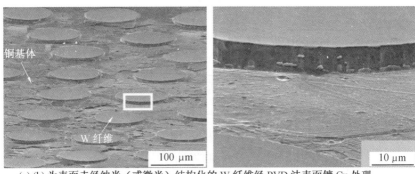

(a) (b) 为表面未经纳米（或微米）结构化的 W 纤维经 PVD 法表面镀 Cu 处理后的复合材料形貌

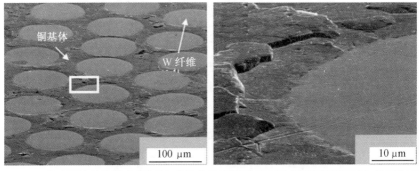

(c) (d) 为表面未经纳米（或微米）结构化的 W 纤维经 PVD 法表面涂覆 W/Cu 梯度涂层处理的复合材料形貌

图 6.10　热循环处理之后的 W_f/Cu 复合材料 SEM 形貌

采用不同的处理工艺进行 W 纤维表面纳米或微米结构化,W 纤维表面具有不同的微观特征。例如,等离子喷涂获得的纤维表面比较光滑,化学浸蚀法获得的表面比较粗糙,扭转工艺则会造成 W 纤维表面开裂。纤维推出试验证实,除了等离子喷涂工艺之外,另外两种处理工艺均可提高 W 纤维–铜界面结合强度。采用上述工艺进行表面纳米或微米结构化处理之后,合成的 W_f/Cu 复合材料界面结合良好,没有生成氧化物。W 纤维表面的纳米(或微米)连续梯度涂层处理可显著减少纤维/铜基体界面的应力,在 350~550 ℃进行热循环,界面的稳定性良好,因此可借助这种界面来发展新型的 W_f/Cu 热沉材料。

6.2.2 非连续增强铜基复合材料界面

本节主要介绍外加法制备的非连续增强铜基复合材料的界面。与连续纤维增强铜基复合材料相比,界面对此类材料性能的影响相对较低,但是由于它作为要兼具力学和电、热等功能特性的复合材料,界面结合的好坏对其性能及应用仍有非常重要的意义。

良好的界面结合是铜基体和增强体的原来性能以及复合强化效果能否得以发挥的重要前提,由于非连续增强铜基复合材料的内界面积较大,因此改善基体与增强体的浸润性、控制界面反应以形成最佳的界面结构是该类复合材料生产中需要解决的关键技术。界面优化的目标是形成可有效传递载荷、能调节应力分布、阻止裂纹扩散、性质稳定的界面结构,主要途径包括非连续增强体的表面涂层处理、基体合金化以及制备工艺方法和参数的控制等。目前通常采用对各类非连续增强体表面涂覆铜、镍等金属涂层以及 BN,TiB_2,B_4C 等复合涂层的方法来改善润湿性和阻止界面反应,其中制备涂层的方法包括化学气相沉积、化学镀、电镀、溶胶、凝胶法等。

1. 非连续 SiC/铜基复合材料界面

提高铜和 SiC 颗粒或晶须之间界面的结合力是获得良好性能的非连续增强 SiC/铜基复合材料的关键。与前面介绍的 Si_f/Cu 体系相似,目前通过增强体表面处理的方法来促进界面结合的工艺包括两类:一是在 SiC 表面直接镀 Cu,然后与铜粉混合压制来改善界面结合;另一类是在 SiC 颗粒或晶须表面采镀 Ni,Ti 或 Zr 等合金元素来改善 Cu 与 SiC 之间的润湿性以改善结合状况[15,18]。

著者采用化学镀方法制备了有镀镍层包覆的 SiC 颗粒,然后通过粉末冶金加热挤压的工艺合成了 SiC 颗粒增强铜基复合材料,重点研究了其界面结构及对材料性能的影响[19]。从图 6.11(a)和 6.11(b)可看出,相比于在合成之前未经过增强体表面处理的复合材料,$SiC_{p(Ni)}$/Cu 复合材料的界面变得很平滑、紧密,界面杂质很少,并且铜基体对 SiC 的附着很好(图 6.11(c))。

 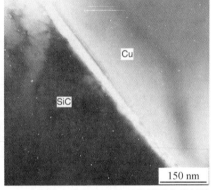

(a) SiC 颗粒未进行镀镍处理的界面上的杂质 (b) SiC 颗粒未进行镀镍处理的界面上的间隙

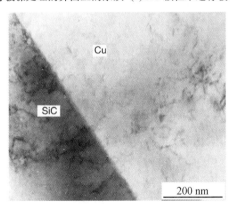

(c) 对 SiC 颗粒进行镀镍处理之后的界面

图 6.11　SiC_p/Cu 复合材料的 TEM 界面特征

通过对 SiC 增强体的表面镀镍处理能优化复合材料界面,可在基体和增强物之间有效传递载荷,减少拉伸变形时的界面脱粘,从而提高复合材料的屈服强度、抗拉强度和断裂延伸率。尤其是干滑动摩擦磨损性能显著提高,高载荷下的剥层磨损明显减少;而导电性则维持在与未进行镀层处理复合材料相当的水平。研究结果表明未进行界面优化的复合材料中界面脱粘较严重,其断口平整,铜基体的塑性变形较少;而 $SiC_{p(Ni)}/Cu$ 复合材料断口上铜基体发生了较大的塑性变形,形成高低不等的韧窝,界面脱粘和颗粒脱落现象减轻,如图 6.12 所示。

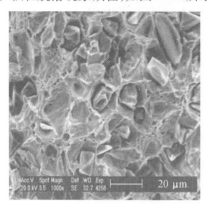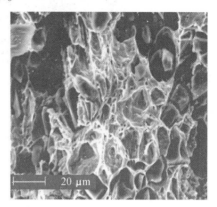

图 6.12 SiC_p/Cu 和 $SiC_{p(Ni)}/Cu$ 复合材料拉伸断口的 SEM 形貌

在制备增强体体积分数较高的电子封装用 SiC_p/Cu 复合材料时,需要的制备温度更高(900 ~ 1 200 ℃),SiC 与 Cu 将会在局部上发生化学反应($SiC+3Cu \rightarrow C + Cu_3Si$),分解形成的 Si 溶解于 Cu 基体之中会导致复合材料的导电和导热性能下降。为了抑制 SiC 与 Cu 的界面反应,需要制备扩散阻挡层(例如 TiN 和金属 Mo 等),它们也可提高界面结合强度,有助于获得高的热导率[20,21]。

2. 非连续 Al_2O_3/Cu 复合材料界面

氧化铝颗粒及短纤维增强体与铜基体的界面通常是反应结合的形式。能谱分析发现,粉末冶金法合成的 Al_2O_3 颗粒增强铜基复合材料界面上形成了 $CuAlO_2$(图 6.13)。在界面区域的铜基体上存在一个连续的 Al 元素的浓度梯度,与 Al_2O_3 增强体的界面越近,Al 元素的含量越高[22]。

分析 Cu–Al–O 体系,发现共存在菱形结构的 $CuAlO_2$ 和尖晶石结构的 $CuAlO_4$ 两种稳定的氧化物[23]。在 1 073 K 以上的空气中会形成 $CuAl_2O_4$,

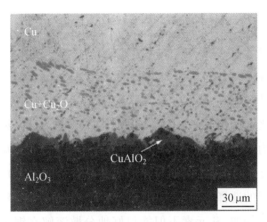

图 6.13 Al₂O₃/Cu 复合材料界面

而当温度超过在 1 273 K 时,CuAlO₂ 与 Cu₂O 和 Al₂O₃ 平衡存在,其反应为:

$$2Cu(s)+1/2O_2(g)+Al_2O_3(s)\!=\!\!=\!\!=\!2CuAlO_2(s)$$

实验研究发现,Al₂O₃/Cu 复合材料界面处的元素浓度比与反应产物 CuAlO₂ 中 Cu 和 Al 元素摩尔数的比值很一致。在 Al₂O₃/Cu 复合材料的界面区域内生成 CuAlO₂ 氧化物可提高复合材料的界面稳定性,因此比普通的 Cu–Al₂O₃ 界面结合更好,尤其有助于改善高温力学性能[24]。

3. 金刚石颗粒增强铜基复合材料界面

金刚石是自然界中导热性能最好的材料(热导率为 2 200 W/(m·K)),因此作为铜基复合材料的颗粒增强体可以同时满足电子封装材料所需的高导热性、低热膨胀系数(与封装衬底材料相匹配),适应了电子封装小型化和集成化快速发展的要求。界面是影响金刚石/铜复合材料导热性能的最大因素,然而两者之间为弱键结合,在界面上存在很多结构缺陷和空隙,因此有较大的界面热阻,限制了复合材料热导率的提高。界面改性是金刚石颗粒增强铜基复合材料的一个关键问题。

我们可通过两个途径来减少界面热阻[25]:一是减少界面积。为了减少界面积,可采用大尺寸的金刚石颗粒或改善金刚石相的分布形态(例如使金刚石形成三维连通的骨架,从而获得接近并联的两相热传导形式,但此时已不属于非连续增强复合材料)。二是加强界面结合。为了加强铜–金刚石的界面结合,可对铜基体进行合金化或是进行金刚石增强体的表面金属化处理,两种途径的目的都是使铜基体与金刚石相形成结合层,以提高界面的热传导性能。

作为加强界面结合的方法,铜基体合金化处理的作用是减少它与金刚石之间的显微孔隙,从而降低了接触热阻。因此,理想的添加合金元素可在金刚石与铜之间形成过渡性的黏结层降低界面热阻,能够与铜和金刚石有较大的结合力。能与 C 元素有较强的键合作用甚至形成碳化物,同时又与 Cu 元素有较好的结合(例如与它形成共晶合金的元素)及相互溶解性的元素将是理想的选择。研究表明,Si,W,Ti,Cr,Mo,Ta 等元素能很好地满足上述要求。例如,Si 元素不但能很好地分散溶解在铜中,同时它还是 CVD 金刚石最常用的衬底材料,因此与 C 元素的结合强度很高,是最理想的金刚石-铜界面改性元素之一。

近年来采用 Cr 元素来改善金刚石和 Cu 的界面结合力也有较多报道[26,27]。研究表明,利用真空沉积法将 Cr 沉积在 Cu 基体上,再用化学气相沉积法形成金刚石薄膜,所获得的 Cr 中间层增强了 Cu 与金刚石颗粒的结合力。但是,该法将有可能在界面处形成具有较大热阻的 Cr-C 化合物,使得复合材料的导热性能下降。因此需要控制好该碳化物层的厚度和形态,得到最佳的界面热传导性。

添加了 Cr 和 B 等活性元素之后,金刚石颗粒增强铜基复合材料的热导率超过 600 W/(m·K),比未添加合金元素时提高了一倍,而且它的热膨胀系数与常用的半导体材料比较相近,很适于作为电子封装材料应用[28]。图6.14、图6.15 分别为 Cu-B 基金刚石复合材料和 Cu-Cr 基复合材料体系中随添加元素量的改变复合材料的热导率和热膨胀系数的变化曲线。

金刚石颗粒的表面改性是提高复合材料导热性能的另一重要手段。由于金刚石与铜及其合金之间的浸润性较差,界面结合不紧密,造成电子和声子在界面处的散射,使得电子和声子的平均自由程减小,从而形成了较高的界面热阻。为此,可对金刚石颗粒进行表面金属化处理,通高温下金刚石表面的碳原子与强碳化物形成元素的界面化学反应,使金属碳化物生长并与金刚石结合牢固,从而改善金刚石与铜之间的结合问题。Cu,Ti 等金属层也是改善金刚石-铜界面润湿性和热传导性的良好介质。

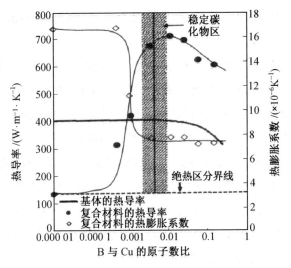

图 6.14　添加 B 元素的金刚石/Cu 复合材料的热导率
和热膨胀系数随添加量增加的变化曲线

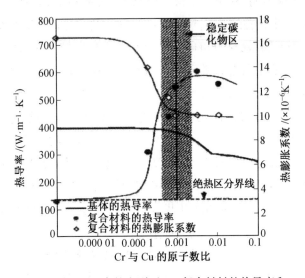

图 6.15　添加 Cr 元素的金刚石/Cu 复合材料的热导率和
热膨胀系数随添加量增加的变化曲线

6.2.3　原位反应合成铜基复合材料界面

与外加法制备的复合材料相比,原位反应合成铜基复合材料通常获得具有直接原子结合的清洁、平直的界面结构，没有反应物或析出相形成，界面结构和性能更好。这种热力学稳定的界面使复合材料后续的铸造、焊接及热处理过程中仍保持较高的界面强度、抗蚀性和长期稳定性。

Liu 等[29]采用反应烧结法从 Cu-Mg-B 系合成了增强相为 MgB_2、MgB_4 和 MgB_6 等金属间化合物原位增强的铜基复合材料。TEM 观察表明，Mg-B 金属间化合物与 Cu 基体的界面干净、平直，结合良好（图 6.16(a)）；线扫描（图6.16(b)）结果则显示复合材料界面处的 Mg 含量低于 Mg-B 化合物中部的含量。分析认为这是由于 Mg-B 化合物与铜基体在烧结过程中发生了一定反应，Mg 扩散到 Cu 基体中形成 $MgCu_2$ 相而形成的。

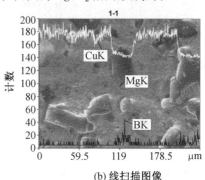

(a) TEM 图像　　　　　　　　(b) 线扫描图像

图 6.16　20%(Mg+B)-Cu 体系在反应烧结之后的界面区的 TEM 和线扫描图像

采用燃烧合成法制备的 TiB_{2p}/Cu 原位复合材料也具有干净、平滑的界面[30]，没有生成其他的中间相（如图 6.17）。但是进一步的观察却发现，在 TiB_2-Cu 界面处存在脱粘和开裂现象（图 6.17(b)中箭头所示）。分析认为，由于 TiB_2 和 Cu 在真空中的润湿角为 142°，因此复合材料的界面结合强度较低；又因为它们之间的热膨胀系数（CTE）和弹性模量差别较大，冷却过程中将在界面区域产生大的热应力，从而导致界面脱粘和开裂。因此，虽然原位反应铜基复合材料的界面具有热力学相容和稳定的特点，但是此类材料设计时却要考虑最终生成的组元之间的力学匹配性、合成及后续热机械过程中的温度变化条件，以保证界面在这些过程中始终有良好的结合。

总体而言，虽然与其他基体的原位反应合成复合材料一样，材料的界面的热稳定性和界面结合情况普遍得到认可，然而，有关原位反应铜基复

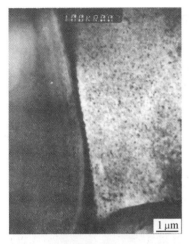

图 6.17 TiB$_2$-Cu 原位反应合成铜基复合材料界面的 TEM 和 SEM 形貌

合材料的界面表征仍相对较少,而它也是此类材料设计、开发和工艺优化所必须着重考虑的因素,因此,需要将现代微观结构表征方法与计算材料学相结合的手段,对其进行表征和模拟,促进对原位反应铜基复合材料界面的深入认识及相关材料体系的发展。

6.2.4 原位形变铜基复合材料界面

原位形变铜基复合材料由于兼具高强度和良好的电导率而备受关注,但是关于其界面结构及其对电导率和力学性能的影响仍有待深入研究。

Liu 等[31]制备了 Cu-15% Cr 原位形变铜基复合材料,采用 SEM 和 HREM 研究了界面特征。结果表明,Cu 和 Cr 两相的界面比较粗糙,可提高机械锁合力。此外,由于两相的热膨胀系数不同(Cu 为(17 ~ 20)×10^{-6} K^{-1},Cr 为(6.6 ~ 9.4)×10^{-6} K^{-1}),在 Cu/Cr 界面区还将产生压应力,它对于提高界面结合,尤其是断裂情况下十分有利。Cu 和 Cr 两相的强度差异则导致残余应力的产生,而挤压、球磨等大塑性变形工艺则可促进应力的这一有利作用。粗糙的界面形态使得残余应力所引起的界面强度的提高更加显著。在复合材料的塑性变形过程中,界面的结合作用限制了 Cu 和 Cr 两相的相对运动,它们的塑性应变量之差只能通过相对塑性滑移以及位错缠结来传递。图 6.18 为 Cu-15% Cr 原位形变铜基复合材料界面区域的 TEM 照片,可以看出界面的结合很好,区域内有明显的位错缠结。靠近界面处的位错密度较高,而 Cu 相中的位错密度又高于 Cr 相。塑性变形过程中,相互剪切与压变形同时发生,机械锁合作用限制了两相之间的相对滑动(图 6.18(b))。这种机械锁合作用提高了平行于界面方向塑性变形抗力。

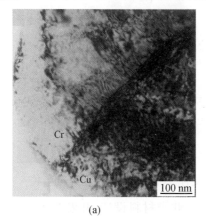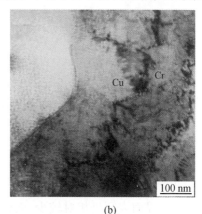

(a)   (b)

图 6.18　形变处理后的 Cu/Cr 界面

HREM 分析发现,在 Cu 和 Cr 两相之间的元素扩散较显著,形成了一个厚度约为 40 nm 的界面互溶区。在这个区域中能观察到这两种原来几乎没有固溶度的元素之间有一个浓度梯度。分析认为,元素的溶解焓和位错密度是影响此浓度梯度形成的两个主要因素。HREM 分析还发现,Cu/Cr 界面由纳米晶 Cu 和 Cr(晶粒尺寸为 5~15 nm)所组成,如图 6.19 所示。由于晶粒很细小,因此还出现了一定的非晶结构。这些纳米晶和非晶之间形成良好的机械锁合作用。

在球磨和挤压过程中,由于 Cu 和 Cr 的应变失配,将发生界面的相对滑动。Cu-Cr 复合材料较粗糙的微界面结合状态,使得相对滑移可产生一个较为严重的塑性剪切区域,它可传递界面两侧的应变差。由于 Cu-Cr 界面较薄且窄,发生在此处的严重塑性变形将使实际应变量很大,从而导致产生细化的纳米级晶粒及其混合物。这些均有助于提高界面的力学性能以及材料的宏观力学性能。

对 Cu-Nb 系原位形变复合材料的界面微结构特征分析发现,复合材料具有 $\{1\,1\,1\}_{Cu}//\{1\,1\,0\}_{Nb}$ 的取向关系和显微织构[32]。在界面区域发现不同程度的显微应变,而界面两侧的组员均有不同程度的晶格畸变(图

6.20、图6.21)。分析认为,复合材料中的界面面积增加、晶格畸变和纳米结构的形成均是促进其强度增加的主要原因[33]。

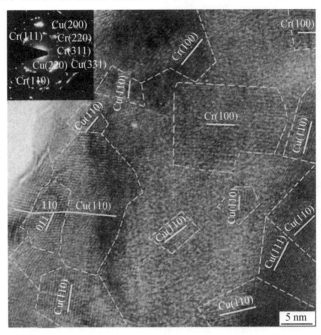

图6.19 Cu/Cr界面的HREM图像

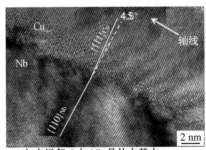

(a) 与在近邻C与Nb晶体中基本
上接近平行的 $\{111\}_{Cu}$ 与 $\{110\}_{Nb}$ 面

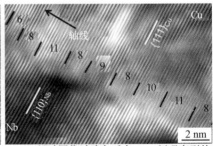

(b) 经过图像过滤之后在Cu—侧观察到的
界面位错(黑线)

图6.20 Cu-Nb原位形变复合材料界面的HRTEM图像(平行于线轴方向)

Raabe等人[34]研究了Cu-5%Ag-3%Nb原位形变铜基复合材料的微观组织,探讨了材料的界面结构和特征。结果发现,在经过大的拉拔变形(真应变为10.5)之后,Cu-Nb界面区域除了发现存在合金元素之外,还存在纳米尺寸的Cu非晶区域(图6.22、图6.23)。他们讨论了复合材料中位

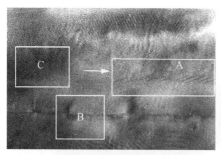

(a) Cu 与 Nb 晶格边缘的低倍图像

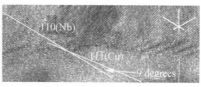

(b) 图 (a) 中 A 区域界面区的高倍图像

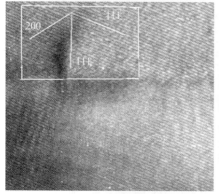

(c) 图 (b) 中 B 区域 Cu 的晶格边缘的高倍图像

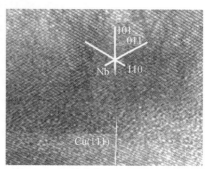

(d) Nb 的晶格边缘的高倍图像

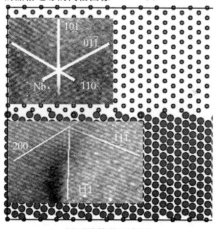

(e) 界面结构的示意图

图 6.21　Cu-Nb 原位复合材料远离线中心的 HRTEM 图像

错与相邻相之间界面的作用,以分析界面形态的形成机理。认为在 Cu 的
原子数分数为35% ~80% 的 Cu-Nb 结晶相中,由于受到外力引起的混合

而引起热力学不稳定,从而形成界面区域的非晶态。

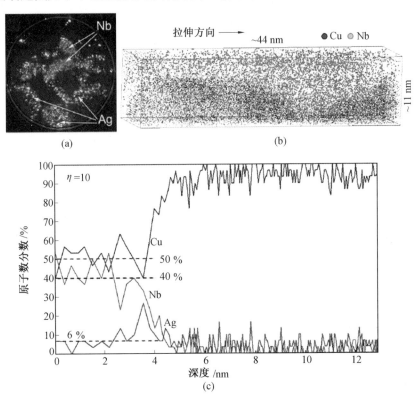

图6.22 大塑性变形($\eta = 10$)引起的 Cu 基体与 Nb 纤维的界面区的机械混合

(机械合金化区域的原子数分数为 50% Cu、40% Nb、10% Ag)

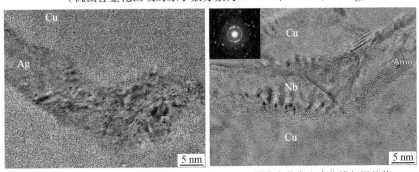

(a) Ag 纤维中的位错(⊥符号),$\eta = 10$,位错密度 (b) Nb 纤维中的高密度位错与铜基体
为 4×10^{16}m^{-2},周围是铜基体 　　　中的非晶化($\eta = 10$)

图6.23 铜基体与 Ag,Nb 位错界面图

参考文献

［1］STRANGWOOD M, HIPPSLEY C A, LEWANDOWSKI J J. Segregation to SiC/Al interfaces in Al based metal matrix composites ［J］. Scripta Metallurgica et Materialia, 1990, 24: 1483-1487.

［2］LIN G. Development of Some Fundamental Research of SiC$_w$/Al Composites in HIT ［J］. Journal of Materials Science and Technology, 1993, 9: 431.

［3］SCHMAUDER S, HOWE J M, ROZEVELD S J. Measurement of Residual Strain in an Al – SiC$_w$ Composite Using Convergent – Beam Electron Diffraction ［J］. Carnegie Mellon University, 1992, 40: 173-193.

［4］张国定, 陈煜, 刘澄. 金属基复合材料微区力学性能的不均匀现象 ［J］. 材料研究学报, 2009, 11 （1）: 21-24.

［5］DORFMAN S, FUKS D. Proceedings of the American Society for Composites, in: R. F. Gibson, G. M. Newaz (Eds.) ［C］. 12th Technical Conference, Lancaster, Technomic, 1997, 1151.

［6］乌云其其格. 碳纤维表面处理 ［J］. 高科技纤维与应用, 2001, 26 （5）:24-28.

［7］BASHTANNIK P I, RUDNITSKII A G, MALIKOV A P, et al. Effect of surface treatment of carbon fibers on the mechanical properties of polypropylene-based composites ［J］. Mechanics of composite materials, 1994, 30 （2）: 110-112.

［8］孙守金, 张名大. 镀 Cu-Ni 的碳纤维及其复合材料 ［J］. 金属学报, 1990, 26 （6）: 433-437.

［9］OKU T, KURUMADA A, SOGABE T, et al. Effects of titanium impregnation on the thermal conductivity of carbon/copper composite materials ［J］. Journal of nuclear materials, 1998, 257 （1）: 59-66.

［10］袁青，李兵虎，童文俊，等. 铜石墨复合材料改性研究进展［J］. 材料导报，2004，18（11）：47-49.

［11］SUN S J, ZHANG M D. Interface characteristics and mechanical properties of carbon fibre reinforced copper composites［J］. Journal of materials science, 1991, 26（21）: 5762-5766.

［12］ŠTEFANIK P, ŠEBO P. Thermal stability of copper coating on carbon fibres［J］. Journal of materials science letters, 1993, 12（14）: 1083-1085.

［13］CHUNG D D L. Carbon fiber composites［M］. Oxford: Butterworth-Heinemann, 1994.

［14］Nishino T, Urai S, Okamoto I, et al. Wetting and reaction products formed at interface betweenSiC and Cu-Ti alloys［J］. Welding international, 1992, 6（8）: 600-605.

［15］Zhang Lin, Qu Xuanhui, Duan Bohua, et al. Preparation of SiC_p/Cu composites by Ti-activated pressureless infiltration［J］. Transactions of Nonferrous Metals Society of China, 2008, 18（4）: 872-878.

［16］BRENDEL A, WOLTERSDORF J, PIPPEL E, et al. Titanium as coupling agent in SiC fibre reinforced copper matrix composites［J］. Materials chemistry and physics, 2005, 91（1）: 116-123.

［17］Aurelia Herrmann. Interface Optimization of Tungsten Fiber-Reinforced Copper for Heat Sink Application［D］. PhD Thesis, TV München, 2009.

［18］MARTINEZ V, ORDONEZ S, CASTRO F, et al. Wetting of silicon carbide by copper alloys［J］. Journal of materials science, 2003, 38（19）: 4047-4054.

［19］Zhan Yongzhong, Zhang Guoding. The effect of interfacial modifying on the mechanical and wear properties of SiC_p/Cu composites［J］. Mater. Lett. , 2003, 57（29）: 4583-4591.

［20］CHANG S Y, LIN S J. F Fabrication of SiC_w Reinforced Copper Matrix Composite by Electroless Copper Plating ［J］. Scripta materialia, 1996, 35 （2）: 225-231.

［21］SCHUBERT T, TRINDADE B, WEIβGÄRBER T, et al. Interfacial design of Cu–based composites prepared by powder metallurgy for heat sink applications ［J］. Materials Science and Engineering: A, 2008, 475 （1）: 39-44.

［22］梁淑华, 范志康, 肖鹏. Al_2O_3 颗粒增强铜基复合材料的组织 ［J］. 铸造设备研究, 1998 （003）: 20-22.

［23］MISRA S K, CHAKLADER A C D. The System Copper Oxide–Alumina ［J］. Journal of the American Ceramic Society, 1963, 46 （10）: 509-509.

［24］SEAGER C W, KOKINI K, TRUMBLE K, et al. The influence of $CuAlO_2$ on the strength of eutectically bonded Cu/Al_2O_3 interfaces ［J］. Scripta materialia, 2002, 46 （5）: 395-400.

［25］陈惠, 贾成厂, 褚克, 等. 通过改善界面状态提高金刚石–Cu 复合材料导热性的研究 ［J］. 粉末冶金技术, 2010, 28 （002）: 143-149.

［26］KUROKI H, ZHOU Y, SHINOZAKI K, et al. The bonding of diamond grits and matrix metals as powder metallurgical phenomena ［J］. Journal of the Japan Society of Powder and Powder Metallurgy （Japan）, 1998, 45 （8）: 775-780.

［27］ALI N, AHMED W, REGO C A , et al. Chromium interlayers as a tool for enhancing diamond adhesion on copper ［J］. Diamond and Related Materials, 2000, 9 （8）: 1464-1470.

［28］WEBER L, TAVANGAR R. On the influence of active element content on the thermal conductivity and thermal expansion of Cu–X （X = Cr, B） diamond composites ［J］. Scripta materialia, 2007, 57 （11）: 988-991.

［29］LIU D B, CHEN M F, RAUF A, et al. Preparation and characterization of copper matrix composites by reaction sintering of the Cu–Mg–B system ［J］. Journal of Alloys and Compounds, 2008, 466 （1）: 87-91.

[30] Xu Qiang, Zhang Xinghong, Han Jiecai, et al. Combustion synthesis and densification of titanium diboride – copper matrix composite [J]. Materials Letters, 2003, 57 (28): 4439–4444.

[31] Liu Jinglei, Wang Erde, Liu Zuyan, et al. Phases interface in deformation processed Cu – 15% Cr composite prepared by elemental powders [J]. Materials Science and Engineering: A, 2004, 382 (1): 301–304.

[32] DEMKOWICZ M J, THILLY L. Structure, shear resistance and interaction with point defects of interfaces in Cu – Nb nanocomposites synthesized by severe plastic deformation [J]. Acta Materialia, 2011, 59 (20): 7744–7756.

[33] LEPRINCE-WANG Y, HAN K, HUANG Y, et al. Microstructure in Cu–Nb microcomposites [J]. Materials Science and Engineering: A, 2003, 351 (1): 214–223.

[34] RAABE D, OHSAKI S, HONO K. Mechanical alloying and amorphization in Cu – Nb – Ag in situ composite wires studied by transmission electron microscopy and atom probe tomography [J]. Acta Materialia, 2009, 57 (17): 5254–5263.

索　引

A

B

C

D